H. J Thomas

Beiträge zur allgemeinen Klimatologie

und Mitteilungen über Cadenabbia, Lugano, Spezia, als klimatischen Kurorten

H. J Thomas

Beiträge zur allgemeinen Klimatologie
und Mitteilungen über Cadenabbia, Lugano, Spezia, als klimatischen Kurorten

ISBN/EAN: 9783744605151

Hergestellt in Europa, USA, Kanada, Australien, Japan

Cover: Foto ©berggeist007 / pixelio.de

Weitere Bücher finden Sie auf **www.hansebooks.com**

BEITRÄGE

ZUR

ALLGEMEINEN KLIMATOLOGIE

UND

MITTHEILUNGEN

ÜBER

CADENABBIA, LUGANO, SPEZIA

ALS KLIMATISCHEN KURORTEN

VON

D<small>R</small>. MED. H. J. THOMAS,

PRACT. ARZT IN BADENWEILER i|B.

(IM WINTER IN SPEZIA).

ERLANGEN.

VERLAG VON FERDINAND ENKE.

1873.

Vorrede.

„Die Kenntniss des Klima und die Art, in welcher
der Mensch davon getroffen bestimmt wird, ist eine kaum
zu erschöpfende Quelle für die Hygieine in Wissenschaft
und Praxis, und übt eine wohlthuende Wirkung aus auf
alle jene Gebiete, innerhalb deren der Mensch Gegenstand
der Betrachtung ist," sagt Reich. Zur Erweiterung solcher Kenntniss beizutragen und dadurch den vielen Kranken, welche durch klimatische Kuren Hülfe suchen, zu
nützen, das war es, was mich bestimmte, die vorliegende
Abhandlung in die Oeffentlichkeit gelangen zu lassen. Die
Verbindung des allgemeinen Theiles mit dem Folgenden
ist nur eine lose; doch versuchte ich nach Möglichkeit aus
dem ersten Theil sich ergebende Principien darin zur Geltung zu bringen.

Zu den Mittheilungen über Cadenabbia, Lugano,
Spezia, welche in der medicinischen Literatur wenig oder
gar nicht gewürdigt sind, glaubte ich um so eher berechtigt zu sein, als ich, seit vielen Jahren leidend,
an jenen Orten längere Zeit als Patient verweilt habe.
Spezia aber drängte es mich ganz besonders zu empfehlen, weil ein sechsmonatlicher Winteraufenthalt dort
im Stande gewesen war, in meinem nicht unbedenklichen

Zustande eine wesentliche Besserung herbeizuführen. Durchaus war es mein Bestreben, die Vorzüge ebensosehr zu schildern, als auch die Schattenseiten, von denen kein einziger klimatischer Kurort frei sein kann, nicht zu vergessen. Die beigegebene Karte wird hoffentlich das Verständniss des Textes erleichtern, Allen aber, welche in die Lage kommen, Spezia zu besuchen, als guter Führer recht willkommen sein.

Die neue Auflage von Reimer, klimatische Winterkurorte, ist uns erst nach Vollendung des Druckes zugegangen und konnte desshalb leider nicht mehr berücksichtigt werden.

Möge es dieser kleinen Schrift vergönnt sein, ihren Zweck trotz der von mir selbst recht wohl gefühlten Mängel und Unvollständigkeiten nicht ganz zu verfehlen und nachsichtige Aufnahme und Beurtheilung zu finden.

Badenweiler, 22. Juli 1873.

Der Verfasser.

A. BEITRÄGE

ZUR

ALLGEMEINEN KLIMATOLOGIE.

„Wenn man aber glaubt, dass diese Dinge leere meteorologische Träumereien wären, so wird man nach Ablegung seiner vorgefassten Meinung einsehen lernen, dass die Sternkunde nicht etwa Wenig, sondern im Gegentheil sehr Viel zur Ausübung der Arzneikunst beitrage. Denn alle Höhlen und Eingeweide des menschlichen Körpers ändern sich zugleich mit den Jahreszeiten."

Hippocrates' Buch von der Luft, den Wassern und den Gegenden.

Uebers. von Grimm B. 1, 1837.

Die klimatische Behandlung, schon von A r e t a e u s, G a -
l e n, C e l s u s [1]) geübt, dann für sehr lange gänzlich vergessen,
hat seit ihrer Wiederaufnahme gegen Ende des vorigen Jahr-
hunderts immer mehr und mehr an Bedeutung und Ausdehnung gewonnen. Bekanntlich schrieb G r e g o r y [2]), der erste
Empfehler der wiederentdeckten Lehre, und nach ihm in England und endlich auch in Deutschland Viele nur dem Ortswechsel die vielfach beobachtete günstige Wirkung auf den
Zustand mancher Patienten zu. Noch 1837 sprach sich L i -
l i e n h a i n [3]) in folgender Weise aus: „Die Veränderung der
Luft ist ein mächtiges Agens bei Krankenheilungen und sollte
noch häufiger benutzt werden als es bisher geschieht. Zufall
und eigene Erfahrung haben mich über die wohlthätige Einwirkung einer veränderten Luft, eines veränderten Wohnortes
bei chronischen Krankheiten ohne gleichzeitige Anwendung von
Arzneimitteln belehrt. Dass bei einem scrophulösen Kinde,
welches in der Stadt lebt, der Aufenthalt auf dem Lande sehr
wohlthätig und vortheilhaft umstimmend einwirkt, ist bekannt;
weniger aber, dass es ebenso heilsam ist, lässt man ein scro-

---

1) F. K ü c h e n m e i s t e r, geschichtl. Darstell. der Lehre von dem
Nutzen des Höhenklima u. s. w. Allg. Wien. med. Ztg. 1869 mit
Nachträgen ebendas. 1870.
2) J. G r e g o r i u s, de morbis coeli mutatione medendis in H. T a -
b o r's Auszüge etc. Heidelb. u. Leipz. Pfhäler. 1. B. 1792.
3) Vorrede zu G r i m m 's Uebers. des Hippocr. B. I. p. 187.

phulöses Kind, das auf dem Lande gelebt, nach der Stadt ziehen." — Bald jedoch, zuerst wieder in England, überzeugte man sich, dass es mit dem einfachen Ortswechsel allein doch nicht gethan sei. Empirisch fand man, dass nicht jeder Ort mit reiner Luft sich zum Krankenaufenthalt eigne und man bezeichnete desshalb eine Anzahl von Stationen als besonders zu berücksichtigende.

Dass man bei der Sichtung solcher Plätze oft zu weit ging im Lobe oder im Tadel, war ebenso natürlich als es jetzt bekannt ist. Mancher Irrthum aber hat sich bis auf den heutigen Tag durchgeschlichen. — Ausgedehnte physikalisch-geographische Untersuchungen, namentlich die berühmten Schriften von A. Mühry und das classische Werk von A. Hirsch haben die Klimatologie in wissenschaftliche Bahnen gelenkt und eine wichtige, feste Grundlage für den weiteren Ausbau geliefert. Heute weiss man denn, dass und zum Theil auch welcher Einfluss den verschiedenen das Klima zusammensetzenden Factoren zukommt. Freilich harret noch so mancher Punkt von der weittragendsten Bedeutung der Entscheidung, so dass selbst die Autoritäten in der Medicin weder in den Indicationen für einzelne Orte, ja nicht einmal für einzelne Klimaarten sich einigen konnten. —

Mit Rücksicht auf die vielfachen Erfolge richtig geleiteter klimatischer Kuren hält man nach wie vor an dem offenbaren Werthe derselben fest. Buhl[1]) sagt denn auch: „Für beginnende oder schon im Zuge begriffene Chronicität ist, so möchte ich beinahe sagen, gute Luft das Hauptmittel" u. s. w. Und Lebert[2]) spricht sich so aus: „Die Aerzte sollten eigentlich froh sein, dass, nachdem die Kranken im Laufe des Jahres vielfach haben Arznei nehmen müssen, sie nun auch

---

1) Lungenentzündung etc. p. 163. München 1872.
2) Ueber Milch- und Molkenkuren p. 69. Berlin 1869.

ohne jede Arznei durch blos hygieinische Kuren behandelt werden können." Indess auch heutzutage noch sind klimatische Kuren bei Manchen in Miscredit oder man betrachtet sie doch als etwas sehr Untergeordnetes. Der Grund davon liegt darin, dass man sich enttäuscht sah, als man nicht erreichte, was man zu erreichen gehofft. Und dazu trugen Kranke wie Aerzte reichlich bei.

Von Seiten der ersteren vergass man vorab, dass wenn irgendwo, gewiss hier, das Wort des Hippocrates [1]) beobachtet sein wolle: „Nicht nur der Arzt, sondern auch der Kranke und dessen Umgebung müssen ihre Pflicht thun, und die Aussendinge müssen zweckmässig sein."

Abgesehen von dem so oft und doch so vergeblich beklagten Umstande, dass immer nur Wenige es verstehen und sich ernstlich bemühen, durch ihr ganzes Verhalten in körperlicher wie geistiger Beziehung eine klimatische Kur zu einer wirklich nutzbringenden zu machen, so kommt es sehr oft vor, dass Patienten ganz nach eigener Wahl, bestimmt oft durch die geringfügisten Dinge oder überredet von Anderen [2]), ihren Aufenthalt sich selbst aussuchen, bald in feuchtem, bald in trocknem Klima leben, bald am Meere verweilen, bald auf alpine Höhe übersiedeln. Nicht immer erwächst daraus ein erheblicher Schaden, Einige aber richten sich auf diese Weise zu Grunde. In den meisten Fällen kehren solche Leute im höchsten Grade unbefriedigt von ihrer klimatischen Kur zurück.

Einen anderen Fehler begehen Manche dadurch, dass sie

---

1) Aphorism. I, 1.

2) Um recht viele Patienten anzuziehen, liest man in Blättern die Anzeige, dass dem Hôtel ein Arzt „attachirt" sei. Recht komisch muss man das finden, wenn ein solcher Herr College in deutschen Zeitungen als „deutscher Arzt," in der französischen l'Italie aber als „médécin suisse" sich aufführen lässt.

sich vom Arzte einen Kurort zum Aufenthalt bezeichnen lassen, während sie diesen Rath erst Wochen, ja Monate später, wann sich der Zustand vielleicht wesentlich geändert hat, ausführen. Unter dieselbe Categorie gehört die Unsitte, nach einem längeren z. B. Winteraufenthalt im Süden sich lieber bei dem Arzte in der Heimath eine klimatische Station für das Frühjahr anrathen zu lassen, als einen anwesenden Arzt um die Wahl eines Ortes nach dem gegenwärtigen Untersuchungsbefund anzugehen. — Auch die Aerzte sind nicht ganz von Vorwürfen freizusprechen. Einestheils dehnte man die Indicationen aus übergrosser Vorliebe oder aus materiellen Gründen — sie spielen ja immer eine sehr grosse Rolle — zuweit aus, anderentheils nahm man die Sache recht leicht und folgte, anstatt die gewonnenen Ergebnisse specieller Forschung zu Rathe zu ziehen, der gerade herrschenden Mode, man schickte die betreffenden Kranken ohne Unterschied an einen südlichen Kurort oder auf die Höhe. Dass auf solche Weise es häufig vorkam, dass man einen entschiedenen Nachtheil sah, wo man auf einen Vortheil gehofft hatte, wen kann das Wunder nehmen. Daher liest man dann über klimatische Kurorte Urtheile, wie das von Professor Rühle [1]: „Ueber letztere liesse sich Manches sagen, was darauf hinauslaufen würde, dass ihr Besuch hauptsächlich Geldopfer erheischt, und die Leistung dieser den Angehörigen die Beruhigung gewährt, »Alles angewendet zu haben«".

Horace Dobell [2] bemerkt sehr treffend: „Sicherlich ist kein Mittel der Behandlung auf so launische, absonderliche und seltsame Art angewendet worden, durch kein anderes sind so

---

1) Ueber den jetzigen Stand der Tuberculosenfrage. Klin. Vortr. 1871. Nr. 30. p. 236.

2) Das eig. erste Stadium der Schwindsucht von H. Dobell M. D. in London, übers. von O. Bandlin. 2. Aufl. 1873. p. 43.

merkbare Nachtheile einerseits hervorgerufen, andererseits aber
so viel unbestreitbarer Nutzen bei der Schwindsucht gestiftet
worden, als durch den Klimawechsel." Jetzt noch, ebenso wie
früher, kann man beobachten, wovon schon Siegmund[1]) sich
überzeugte, „dass viele Kranke, zweck- und erfolglos, ja selbst
zu ihrem Nachtheile in südliche Kurorte geschickt werden."
Heute sind es nicht mehr die südlichen Kurorte allein, die
Höhenstationen, welche in unserer Zeit so ausserordentlich begünstigt werden, leisten ein Gleiches. Es ist die leichtfertige,
unüberlegte Auswahl der verschiedenen Klimate, welche immer
geschadet hat und schaden wird. Freilich wird diesem Verfahren durch bedenkliche Aussprüche wie von Bank[2]) nur
Vorschub geleistet, wenn er glaubt: „Für eine grosse Zahl von
Patienten ist es irrelevant, ob die Luft etwas mehr mit Feuchtigkeit gesättigt ist oder nicht." Ein Gleiches gilt von der
wohlgemeinten Aeusserung P. Niemeyer's[3]): „Dass jeder
Ort, welcher die frische, freie Luft in ursprünglichster und zugleich geniessbarster Form bietet, zu einem atmiatrischen Asyle
berufen sei." Berufen dazu mag mancher Ort allerdings sein,
allein wollte man danach im Allgemeinen verfahren, so würden
wir nicht nur auf einen als unhaltbar erkannten Standpunkt zurückkommen, sondern müssten auch bei diesem Herum-
tappen, denn anders wäre doch wohl eine solche Klima-
wahl nicht zu benennen, recht erheblichen Schaden stiften und
Misserfolge zu beklagen haben. Durchaus nicht jede „frische,
freie" Luft ist allen Kranken in gleicher Weise gut.

Allerdings „die freie Atmosphäre auf den Alpen wie an der
Riviera, im Winter wie im Sommer besteht aus 21 Sauerstoff,
79 Stickstoff, Spuren von Kohlensäure u. s. w." wie Herr

---

1) Südliche klimatische Kurorte u. s. w. 2. Aufl. Wien 1859.
2) Die klimatischen Kurorte u. s. w. p. 20. Erlangen 1869.
3) Med. Abhandl. I, p. 148. 1872.

P. Niemeyer[1]) ausführt, aber sollen wir glauben, dass an
der Riviera und auf den Höhenstationen der Alpen die Luft
sich durch Nichts, in keiner Wirkung unterscheide? Wer, wie
der Verfasser leider an sich selbst, die differenten Wirkungen
trockner und feuchter Luft beobachten kann, der wird sich
von solchen Aussprüchen nicht berücken lassen.
Weder wollen wir für die „officinellen" Kurorte eintreten,
noch erwarten wir einzig und allein von einer klimatischen Kur
alles Heil. In letzterer Hinsicht bekennen wir uns gerne zu
dem, was Prof. Waldenburg bei der Therapie der Phthisis[2])
ausspricht: „Eine schablonenhafte, einseitige Behandlung, sei
es mit gewissen inneren Mitteln oder mit localer Therapie, sei
es mit Brunnenkuren und Badereisen, mit klimatischen Luft-
veränderungen etc. kann nicht im Mindesten genügen. Hier
müssen alle Behandlungsmethoden nebeneinander abgewogen
und die für den speciellen Fall, das specielle Individuum und
das gerade vorliegende Stadium der Krankheit Geeignetste in
Anwendung gezogen werden." Dies hindert nicht, es zu be-
tonen, dass die Klimatotherapie eine sehr wichtige und segens-
reiche sein und bleiben wird.

Der Erfolg aber hängt von der rationellen Art der Anwendung
ab. Dass diese Aufgabe eine äusserst schwierige ist, darauf ist
verschiedentlich hingewiesen worden. Die treffliche Schrift von
A. Biermann[3]) gibt dafür sehr gute, allgemeine Grundsätze
an die Hand. Als einen schweren Verstoss bezeichnen wir es,
wenn man Leidenden eine klimatische Station zum Aufenthalt
empfiehlt, ohne dass man vor Allem eine genaue Kenntniss
des dortigen Klima's besitzt. Unverantwortlich ist es, dass

---

1) Med. Abhandl. II, p. 167. 1873.
2) Die locale Behandlung der Krankheiten der Athmungsorgane.
p. 512. 2. Aufl. Berlin 1872.
3) Climatische Kurorte und ihre Indicationen. Leipzig 1872.

man namentlich an sehr vielen alpinen wie subalpinen Sommer-
aufenthalten mit genauen meteorologischen Berichten rückstän-
dig ist. Leider ist oft von solchen Orten nichts Weiteres bekannt, als dass sie so und so hoch über dem Meeresspiegel gelegen sind, dass das Klima „sehr mild und gesund", die Luft
„rein" sei; dass man unter Anderem auch Molken dort finde.
Das mag den Ansprüchen Mancher genügen, dem Standpunkt
der heutigen Klimatotherapie genügt es nicht. Doch mit der
Zeit wird sich das ändern und muss sich ändern.

Wahrlich noch immer zu wenig hat man sich das Tiefein-
greifende des Unterschiedes verschiedener Klimate klar gemacht
und die grosse Gefahr erblickt, welche aus jener unrichtigen,
sorglosen Anwendung erwachsen kann. Einige Beispiele werden diese Behauptung als nur zu sehr begründet erkennen
lassen. Wir erinnern an die Mittheilung Schleissner's[1],
dass die nach Dänemark übergesiedelten Isländer dort sehr
häufig schwindsüchtig werden, besonders von Erkrankung an
Masern, während sie in Island sozusagen gar nicht von Phthisis
befallen werden.

Die Erfahrung lehrt ferner, dass bei den Eingeborenen
tropischer Gegenden, namentlich Negern, der Aufenthalt in
höheren Breiten resp. ein Wechsel des Klima's gemeinhin eine
wesentliche Steigerung der Krankheitsfrequenz an Lungenschwindsucht mit sich führt. Ohne Zweifel trägt freilich auch
die veränderte Lebensweise zu solcher zum Theil enormen
Steigerung der Erkrankung nicht unwesentlich bei.

Schon in Froriep's Notizen[2] finden wir die Bemerkung,
dass auf den Inseln der Südsee und auch in Neu-Süd-Wallis
die Atmosphäre so auffallend trocken ist, dass die feuchte Luft
von England, zumal im Winter, für Eingeborene jener Inseln

1) Hirsch, hist. geogr. Pathol. II, p. 55.
2) B. 46, Nr. 9. 1835.

ebenso todtbringend ist, als das Klima von Ost- und West-
indien für die Mehrzahl der Europäer. — Nach A. San-
son [1]) werden die Merinoschafe, deren Heimath das trockene
Nordafrika und Egypten ist, in Orten mit Seeklima durch die
hohe Feuchtigkeit sehr bald kachektisch. — Wenn nun schon
ein so bedeutender Einfluss des Klimas auf Gesunde sich zeigt,
so ist natürlich beim kranken, geschwächten Individuum ein
noch viel grösserer zu erwarten.

Beim Besuche vieler klimatischer Kurorte hat sich mir
die Ueberzeugung aufgedrängt, dass schon mancher Patient nur
desshalb seiner Krankheit erlegen ist, weil man ihn an eine
in diesem speciellen Fall unpassend gewählte Station, deren
sonstiger Ruf noch so begründet sein mag, dirigirt hat. Wohl
hat man darauf aufmerksam gemacht, in welchem Falle ein
trocknes, in welchem ein feuchtes Klima zu vermeiden sei.
Man würde ˗ der Wahrheit viel näher gekommen sein, wenn
man sich dahin ausgesprochen hätte, dass in dem einen ein
feuchtes, in dem anderen ein trocknes Klima den betreffenden
Patienten zu Grunde richten müsse. Einen merkwürdigen Bei-
trag lieferte mir ein Fall, welcher glücklicherweise nicht mit
den schlimmsten Cosequenzen endete, dennoch aber die grosse
Verschiedenheit der Wirkung verschiedener Klimate auf's Deut-
lichste illustrirte. Herr B. aus Preussen aus gesunder Familie, 24 Jahre alt, von lymphatischer Constitution, phleg-
matischem Temperament litt an einer käsigen Pneumonie;
Excavationen waren schon vorhanden, ausserdem bestand ausgedehnter Katarrh der Luftwege, die Expectoration war reichlich und ging leicht von Statten. Während B. sich in Reichenhall (1407′) befand, trat nicht nur keine Besserung ein, sondern die Krankheit machte besonders in der letzten Zeit (Au-

1) Bullet. hebdom. de l'associat. scientif. Nr. 218. 7. Jan. 1872,
p. 230.

gust und Anfang September 1870), welche bei einer mittleren
Temperatur von $18^0 - 19^0$ C. durch hohe Luftfeuchtigkeit aus-
gezeichnet war, immer weitere Fortschritte; bei sich steigern-
der Expectoration nahmen die Kräfte trotz ziemlich reichlicher
Nahrungsaufnahme merklich ab. Fast sofort änderte sich dieser Zustand sowie B. nach Meran (881') kam, wo die Luft bei
heiterem Wetter eine ziemliche Trockenheit ergab. Zunächst
wurde das subjective Befinden besser, schon nach wenigen
Tagen konnte er sich grössere Anstrengungen zumuthen.
Ein Mal trat Diarrhoe ein, welche sofort auf 1 Pulver
Opii 0,02 Acid. tannic. 0,2 stand. Wiewohl dem Patienten
eine solche Umänderung in seinem Befinden auffallend war,
begab er sich in gewissenhafter Befolgung des ihm gegebenen
Rathes nach Lugano (874'). Er traf mit Anfang October 1870
dort ein. Die Temperatur betrug in diesem Monat im Mittel
$9,4^0$ C., von der relativen Feuchtigkeit kann ich nur mittheilen, dass sie eine hohe war. Nach Ferri's [1] Angaben für
1865 und 1866 berechnet sich die relative Feuchtigkeit für
den Monat October auf 81,7 $^0/_0$. Obwohl im Befinden des betreffenden Herrn nicht sofort gerade eine Verschlimmerung eingetreten war, so war aber ebensowenig eine Besserung zu
constatiren. Da mit einem Male kamen nach einem geringen Diätfehler höchst profuse Durchfälle, welche erst nach
etwa 14 Tagen gestillt werden konnten. Die Kräfte hatten
in dieser Zeit der Art abgenommen, dass der exitus lethalis
nicht mehr in weiter Ferne gedacht werden musste. Mitte
November ging er nach San Remo (rel. Feuchtigkeit im Winter 65 $^0/_0$) und erholte sich dort vollständig. Die beiden folgenden Winter hat er, nur um die gewonnenen Resultate nicht
in Frage zu stellen, in Mentone zugebracht. Nach $2^1/_2$ Jahren
habe ich B. wiedergesehen und kann gestehen, dass er damals

---

1) a) Riassunto delle osservazioni meteorologiche fatte in Lugano
nel 1865 und b) 1866.

nur ein Schatten seiner jetzigen Gestalt zu nennen war.
Erscheinungen von Seiten der Athmungsorgane bestehen nicht
mehr; eine objective Untersuchung habe ich jetzt nicht vorgenommen. — Höchst ineressant war es bei einem Anderen (24 J.) von sanguinischem Temperament, reizbarer Constitution, in dessen nächster Familie schon 2 Mitglieder der
Phthisis erlegen sind, welcher wiederholt von zum Theil nicht
geringen Lungenblutungen befallen worden und an einer käsigen Pneumonie der rechten Lunge und Catarrhe sec litt, Vergleiche in der Wirkung des Klimas zu derselben Zeit an denselben Orten Reichenhall, Meran, Lugano anzustellen. An
den Plätzen nun, wo jener Kranke sich so unwohl gefühlt,
hatte dieser sich nicht über das Geringste zu beklagen, das
subjective Befinden war vortrefflich; in Meran dagegen wurde
der sonst seltene Husten viel häufiger und beschwerlicher; vor
Allem aber machte sich eine ausserordentliche Aufregung im
Gefäss - und Nervensystem geltend, zumal war der sonst stets
ruhige Schlaf unruhig und nicht erquickend. —

Derartige Fälle, wie sie auch von vielen Anderen beobachtet wurden, sprechen sicherlich laut genug für unsere obige
(p. 9) Behauptung.

Aber noch Eins war es, welches in den beigebrachten
Beispielen in auffallender Weise hervortrat, nämlich, dass
sich die relative Feuchtigkeit vor allen anderen
klimatischen Factoren im Befinden der Patienten
am schnellsten und intensivsten abspiegelte. Die
Wirkung war eine sofortige und oft nachhaltige, mochte es
sich um mehr oder weniger hochgelegene oder um tiefgelegene
Plätze handeln, wurde dieser Einfluss an denselben oder an
ganz verschieden gelegenen Orten beobachtet. Man wird es
desshalb nicht ungerechtfertigt finden, wenn wir in Betreff
der relativen Feuchtigkeit der Luft einige Mittheilungen folgen
lassen.

Unumgänglich erscheint es, zunächst auf die Berechnung derselben nach den Beobachtungen mit Hülfe des August'-schen Psychrometers einzugehen. Die relative Feuchtigkeit, d. h. das Verhältniss der Sättigung der Luft mit dem in ihr befindlichen Wasserdampf wird in Werthen ausgedrückt (vollständige Sättigung $= 1$ angenommen), welche bekanntlich sich leicht nach der Formel

$$F = \frac{f\,(t') - KB\,(t - t')}{f\,(t)}$$

berechnen lassen.

$t =$ Temperatur des trockenen Thermometers (in ^{0}C.),

$t' =$ Temperatur des befeuchteten Thermometers,

$f\,(t)$ und $f\,(t') =$ die Function von t und von t' d. h. das der gefundenen Temperatur entsprechende Spannungsmaximum in Millimetern,

$(t - t') =$ die psychrometrische Differenz.

$K =$ die Constante

    a) $= 0,00078278$, im Falle $t' = 0$ oder positiv ist.

    b) $= 0,00068943$, im Fall t' negativ ist.

B ist der Barometerstand in Mm. auf 0^0 reducirt.

Der Zähler obiger Formel stellt den Dunstdruck d. h. den Druck des absoluten Wassergehalts der Luft in Mm dar.

$$D = f\,(t') - KB\,(t - t')$$

Man hat also für die ganze Formel

$$F = \frac{D}{f\,(t')}$$

Die ganze Formel wird mit Hülfe von Werthen, welche in sogenannten hygrometrischen Tafeln [1] aufgestellt sind, sehr einfach ausgerechnet. Uebrigens ist es auch durchaus nicht

---

1) Stierlin, Hilfstafeln und Beiträge zur neueren Hygrometrie. Köln 1834. — Listing, kleine hygrometrische Tafeln. Göttingen 1844.

unbedingt nöthig, sich bei der Division der Logarithmen zu bedienen, indem man für

$$F = \frac{D}{f(t)}$$

$$\text{Log. } F = \text{Log. } D - \text{Log. } f(t)$$

setzt; es lässt sich auch recht gut auf ganz gewöhnliche Weise dividiren, ich glaube sogar noch viel bequemer und schneller. Wie zu erwarten, kömmt der psychrometrischen Differenz je nach ihrem Wechsel der grösste Einfluss auf das Resultat für F zu. Auch die Höhe der Temperatur ist, zwar in geringerem Grade, immerhin noch merklich ins Gewicht fallend; weil nämlich die Saturation der Luft gemäss der Temperatur variirt, so ergibt dieselbe psychrometrische Differenz bei niedrigeren Temperaturen einen grösseren Werth für F d. h. die Luft ist caeteris paribus feuchter als bei höherer Temperatur.

Der Barometerstand ist selbstverständlich nicht ohne Werth bei der Berechnung, nur kommen erst Differenzen von 20 Mm., mit der Grösse von $(t - t')$ steigend, mit etwa $0,2\,\%-1,5\,\%$ im Resultat von F zum Ausdruck. Supponiren wir, um dies an einem Beispiele zu beweisen, die beiden Barometerstände

a) 740 Mm.   b) 760 Mm.

$$t = 11^0 \quad t' = 10^0$$
$$t - t' = 1^0$$

so ergibt sich

a) $F = 88,38\,\%$ b) $F = 88,18\,\%$
Differenz $0,2\,\%$.

Setzen wir

$$t = 20^0 \quad t' = 10^0$$
$$t - t_{/} = 10^0,$$

so ergibt sich

a) $F = 21,35\,\%$ b) $F = 19,85\,\%$,
diff. also $= 1,5\,\%$.

Daraus darf man wohl abnehmen, dass man unbeschadet

der Richtigkeit des Endresultates vor Allem sich die Reduction
des Barometerstandes auf 0⁰ ruhig ersparen könne, dass ferner das Barometer selbst nicht unbedingt zu den allerfeinsten
und theuersten zu gehören brauche.

Für Eingeweihete sind Behauptungen, »dass die für die
relative Luftfeuchtigkeit eines bestimmten Platzes beigebrachten Resultate eine grössere Genauigkeit als an irgend einem
anderen Orte beanspruchen können, weil die Constante für
den betreffenden Ort besonders berechnet worden,« wie wir
sie noch kürzlich angetroffen haben, ohne den geringsten Werth.

Abgesehen davon, dass die besondere Berechnung der
Constante schon vorab Nichts nützt, wenn man sich der psychrometrischen Tafeln bei der Berechnung der Formel bedient,
weil in jenen bei Aufstellung der Werthe für (t — t') eine
bestimmte Zahl für die Constante schon in Anwendung
gezogen ist, so lässt sich auch aus dem von uns in Betreff
des geringen Werthes einer kleineren Barometerdifferenz Mitgetheilten sofort erkennen, dass selbst bei jedesmaliger besonderer Berechnung der ganzen Formel — gewöhnlich thut man
das aber kaum — durch eine geringe Veränderung der Constante (und gering kann eine solche ja nur sein) der daraus
resultirende Unterschied kaum erst an der fünften, sechsten
Decimalstelle sich markiren kann. Solche Erklärungen besa-
gen also gar Nichts, wenn man die relative Feuchtigkeit nur
in ganzen Zahlen (das Mittel aus den 2 Jahren erst mit einer
Decimalstelle) angibt. —

Während die Wirkung der anderen klimatischen Factoren,
so namentlich die des Luftdruckes, wenn auch besonders in
seinen Extremen, schon ziemlich genau studirt ist, kann man
von der relativen Feuchtigkeit nicht dasselbe aussagen. Es
liegt Etwas Wahres darin, wenn Meyer-Ahrens [1]) behaup-

---

1) Bormio. Zürich 1869. V. Kap.

tet: »Was die relative Feuchtigkeit betrifft, so ist dieselbe ein Moment, über das sich vom physiologischen Standpunkt wenig sagen lässt; mir ist wenigstens nicht bekannt, dass die Wirkung der relativen Feuchtigkeit irgendwo genauer studirt, dass darüber exactere Versuche angestellt worden, so dass man sagen könnte, dass so und so viel Prozent die und die Wirkung auf den Organismus hätten. Die Thätigkeit der Physiker ist auch hier der ärztlichen Beobachtung vorangeschritten.«

Freilich die Wirkung einzelner Prozente ist uns noch nicht bekannt; aber wir glauben doch, es hat A. Hirsch in seinem berühmten Buche einen schlagenden Beweis geliefert, dass man nicht ohne Kenntniss der Luftfeuchtigkeit geblieben ist.

Unter Anderen hat besonders R. v. Vivenot [1]) diesem Capitel eine grosse Aufmerksamkeit geschenkt und verdanken wir ihm die Eintheilung der Klimate nach Prozenten der relativen Feuchtigkeit. — Wir haben oben schon des Einflusses des Barometerstandes auf die Berechnung der relativen Feuchtigkeit erwähnt. Handelt es sich um grössere Differenzen in diesem, so wird das Resultat der relativen Feuchtigkeit wesentlich modificirt. Trotz einer grösseren psychrometrischen Differenz, welche also eine stärkere Evaporation darstellt, kann die relative Feuchtigkeit noch ziemlich hohe Ziffern ergeben. Daraus ergibt sich denn, dass Vivenot's Eintheilung gar nicht ohne Weiteres auf Orte mit erheblich verschiedenem Barometerstand angewendet werden kann.

Nehmen wir z. B. einen Barometerstand a) von 770 Mm. und b) von 640 Mm. an, so erhalten wir

---

1) Palermo etc. Erlangen 1860. b) Ueber die Messung der Luftfeuchtigkeit etc. Wien 1864. c) Beiträge zur Kenntniss der klimatischen Evaporationskraft etc. Erlangen 1866.

$$t = 10^0$$
$$t' = 13^{0'} \quad t - t' = 3^0$$

a) F = 72,3 %   b) F = 70,1 %.

Wohl wird der Unterschied im Resultate für F bei kleinerer psychrometrischer Differenz geringer, bei grösserer auch bedeutender und steigt natürlich, sowie die Differenzen im Barometerstand erheblicher sind als wir im Beispiele angenommen. In Davos z. B. ist der mittlere Barometerstand mit 628 Mm. angegeben. Reimer [1]) hätte dies bei seinen Ausfällen nicht unbeachtet lassen dürfen, denn so kann es sehr leicht kommen, dass eine Luft, welche bei hohem Barometerstand als mässig feuchte anzusprechen ist, auf der Höhe eine mässig trockene mit Recht genannt wird. Man würde diesen Fehler umgehen, wenn man eine Eintheilung der Klimate mit Bezug auf die Feuchtigkeitsverhältnisse der Luft nach der Differenz des Thaupunktes von der Temperatur der Luft bestimmen wollte. —

Die Wirkung feuchter und trockner Luft im Allgemeinen als bekannt voraussetzend, indem wir auf die Mittheilungen Anderer [2]) verweisen, wollen wir nicht unbeachtet lassen, dass beim Aufenthalt in feuchter Luft bei der geringeren Wasserverdunstung aus Haut und Lungen zumal die Nierenthätigkeit bedeutend erhöhet wird, während dies mit der Thätigkeit des Darmes lange nicht in gleicher Ausdehnung der Fall ist, es mehr unter besonderen Verhältnissen sich äussert, deren wir noch weiter Erwähnung thun werden.

Die Ausdrücke feuchte und trockne Luft bezeichnen den relativen, nicht aber den absoluten Feuchtigkeitsgehalt

---

1) Klimatische Winterkurorte. Nachtrag p. 11.
2) R. v. Vivenot, Palermo etc. p. 149 seq. — Reimer, Kl. Winterkurorte p. 10 seq. — Biermann l. c. §. 15, 16, 17.— Niemeyer, med. Abhandl. I, p.140. — Braun, syst. Lehrb. der Balneotherapie u. s. 3. Aufl. 1873. p. 56 seq. etc.

der Atmosphäre. Mag auch der absolute Wassergehalt noch
so gross sein, der Luft kann dennoch eine grosse Trockenheit
zukommen und sie kann die sich daraus ergebende Eigenschaft
besitzen und Einflüsse ansüben; auch das Umgekehrte findet
statt. Mit feucht oder trocken wird eben die geringere oder
grössere Entfernung vom Sättigungspunkte, die geringere oder
grössere Aufnahmefähigkeit für Wasser bezeichnet. Was Niemeyer, Med. Abhandl. I, p. 140 von der absoluten Feuchtigkeit der Luft aussagt, gilt wohl nur von der relativen. Es ist
irrthümlich, wenn man die relative Feuchtigkeit nur als »den
mathematisch-physikalischen Ausdruck für die Beziehung des
atmosphärischen Wassers zu der Temperatur [1],« betrachtet.
Hirsch [2] sagt sehr richtig: »Man hat bei der Untersuchung
des Einflusses, den Luftfeuchtigkeit auf das Verhalten des
thierischen, und speciell des menschlichen Organismus äussert,
sehr häufig ausser Acht gelassen, dass in dieser Beziehung
nicht sowohl die absolute, als vielmehr die relative Dampfmenge in Betracht kommt.«

Der Dunstdruck ist bei niedriger Temperatur immer ein
geringer, die Luft ist dennoch zuweilen feucht. Trotzdem,
dass im Sommer der Dunstdruck in Folge höherer Temperatur
sich viel höher beziffert als im Winter, ist in jenem die Wasserverdunstung doch viel energischer, weil eben bei der gewöhnlich dann vorhandenen geringen relativen Feuchtigkeit,
d. h. also weiteren Entfernung vom Sättigungspunkte die Luft
mehr Wasser aufzunehmen im Stande ist. — Dunstdruck und
Luftdruck compensiren sich gegenseitig und daraus erklären
sich z. B. die geringen Barometerschwankungen auf der See,
ein directer Einfluss auf den Organismus aber kommt dem

---

1) Rohden, Bemerk. über meteorol. Reaction bei Phthisis. Berl.
kl. Wochenschrift 25 Ap. 1870. Nr. 17.

2) Histor. geogr. Pathol. II, p. 10.

Dunstdruck nicht zu; wenigstens kennen wir denselben zur Zeit nicht. —

In der Balneotherapie von Braun [1]) wird mit Rücksicht auf das Verhalten der Feuchtigkeit der Luft ein eigenthümlicher Standpunkt eingenommen, welcher unbedingt zu verwerfen ist. Während dort [2]) die Wasserverdunstung der Haut ganz richtig von der relativen Feuchtigkeit der Luft abhängig gemacht ist, glaubt Braun [3]) den Wasserverlust aus den Lungen von dem absoluten Feuchtigkeitsgehalte der Luft beeinflusst. Rohden acceptirt in demselben Buche auch das nicht einmal, und nimmt »absolute wie relative Feuchtigkeit für zwei Ausdrücke [4]), welche erfunden sind, um ein und dasselbe Object in zwei verschiedenen Rechnungen unterzubringen« und spricht desshalb von einer Reduction der Wasserabgabe der Haut und Lunge auf ein unzureichendes Minimum durch plötzliche Zunahme des absoluten Wassergehaltes der Atmosphäre. Liegt schon darin ein Desavouiren der in demselben Buche vorher vertretenen Ansicht, so müssen wir bemerken, dass es sich mit den gangbaren physikalischen Begriffen absolut nicht vereinigen lässt, wenn irgendwelche Wasserdunstaufnahme der Luft durch deren absoluten Gehalt an Feuchtigkeit beeinflusst sein soll. Wasserdunst kann an die Luft immer nur abgegeben werden je nach deren Sättigungszustand, gleichviel ob enorme oder nur ganz geringe Mengen von Feuchtigkeit in der Luft sich vorfinden. Ist es bei der Diffusion nur in einem Falle anders? Die Diffusion geht so lange vor sich, bis Sättigung auf einer Seite einge-

---

1) Berlin. 3. Aufl. 1873.
2) p. 58 l. c.
3) p. 57 l. c.
4) p. 660 l. c.
5) p. 593 l. c.

treten ist, die Grösse des Gehaltes kommt nicht im Geringsten in Betracht.

Von den 900,0 Gramm Wasser, welche nach v. Pettenkofer und Voit täglich durch Haut und Lungen verdunstet werden, kommen nach Weyrich ca. 0,6 [1]) auf die Haut allein und bringen selbst so unbedeutende Differenzen wie 1°/₀ in der Luftfeuchtigkeit schon sehr merkliche Aenderung in der Verdunstung durch die Haut hervor. Wird durch Steigen der Luftfeuchtigkeit die Verdunstung von Seiten der Haut und Lungen verringert, so erhöhet sich ganz besonders die Urinsecretion, unter besonderen Umständen auch erheblich die Secretion des Darmes, wie wir schon oben erwähnt haben. Man kann schon a priori annehmen, dass grössere Aenderungen eine nicht unerhebliche Wirkung auf den Körper ausüben müssen. Es ist nicht zu vergessen, dass allmälige Uebergänge meist ohne nachtheilige Folgen bleiben, plötzliche Schwankungen, wenn sie vielleicht auch öfter spurlos am gesunden Körper vorübergehen, namentlich vom kranken Körper schlecht ertragen werden. Im ersteren Fall »hat der Organismus Zeit, die Verhältnisse der Circulation und Ausscheidung den veränderten Umständen anzupassen« [2]). Hippocrates [3]) sagt schon: »Die Veränderung der Jahreszeiten erzeugen besonders Krankheiten; und während der Jahreszeiten selbst bedeutende Abwechselung von Kälte und Hitze, und so auch die übrigen Dinge verhältnissmässig.«

Celsus [4]) drückt sich folgendermassen aus: »Diejenigen Landschaften und Jahreszeiten sind am besten, welche gleichförmig in Hitze und Kälte sind, schlimm aber, wenn sie oft

---

1) Also 540,0 Gr.

2) G. v. Liebig, Ueber die Einflüsse der Temperatur und Feuchkeit auf die Gesundheit. Berlin, 1870. p. 11.

3) Aphorism. III, 1.

4) Gregory p. 3.

veränderlich sind.« Es ist eben ein längst bekanntes und oft
variirtes Thema, dass der Körper am wenigsten unbeständige
Witterung ertragen kann. Um so mehr bringen rasche Wechsel auch dem kranken, schwächlichen Organismus Gefahr, weil
er nur mit Schwierigkeit ausgleicht und diese Bestrebungen
der Organe wiederum Störungen in anderen Gebieten verursachen.
Solche plötzliche Veränderungen der atmosphärischen Feuchtigkeit erzeugen leichtere oder schwerere Störungen. G. v. Liebig [1]) leitet davon hauptsächlich eine Erkältung ab; ferner
erwähnt er den nachtheiligen Einfluss einer feuchten Wohnung,
welcher nicht nur auf Rechnung der Feuchtigkeit an sich
komme, sondern auch durch die plötzliche Unterdrückung der
Perspiration beim Eintritt in die feuchte Atmosphäre der
Wohnung aus der weniger feuchten freien Luft.

Da wir hier gerade eines nachtheiligen Einflusses der
Wohnung Erwähnung gethan haben, so darf wohl angeschlos-
sen werden, dass im Allgemeinen die Feuchtigkeitsverhältnisse
in der Wohnung bei gutem Zustande derselben gleichmässigere
sind als im Freien; bei feuchter Luft ergab die Messung der
relativen Feuchtigkeit im Zimmer einen geringeren Werth, bei
trockner Luft einen grösseren als im Freien. Dies wird namentlich durch die Perspiration der Wände bedingt, auf welche
v. Pettenkofer die Aufmerksamkeit gelenkt hat. —

Rohden [2]) hat auf den Eintritt von Lungenblutungen
und Diarrhöen hingewiesen, welche nach seiner Erklärung in
Folge einer plötzlichen Veränderung (namentlich Steigen) des
atmosphärischen Dunstdruckes eintreten sollen. Wir sind ge-
neigt, diese nachtheiligen Einwirkungen der relativen Feuch-

---

1) l. c. p. 7 und p. 13.
2) Bemerkungen über meteorologische Reaction bei Phthisis. Berl.
klin. Wochenschrift Nr. 16 und 17. 1870.

tigkeit zuzuschreiben und thun dies aus Gründen, welche wir weiter entwickeln wollen.

Rohden stellt die Hypothese auf, „dass es die plötzliche Vermehrung des Blutquantums durch Zurückhaltuug eines grossen Theiles des sonst an die Luft abgegebenen Wassers sei, welche die Sprengung des Gefässes an der kranken Stelle begünstige, wie sie auch in Fällen von ausgedehnter Erkraukung durch Beklemmung und Erstickungsanfälle sich manifestire."

Dass durch noch so hohen Dunstdruck die Wasserabgabe an die Luft nicht im Mindesten gehindert sein kann, darauf haben wir schon Oben aufmerksam gemacht. Beklemmungen und dispnoetische Anfälle treten ebenfalls nur bei hoher relativer (nicht absoluter) Luftfeuchtigkeit, wenn die Luft nicht bewegt ist, ein, weil dabei die Hautausdünstung behindert wird. Ist die feuchte Luft durch Winde bewegt, wie z. B. in der Seebriese, so ist sie gar nicht unangenehm, »weil die rasch wechselnde Luft, wenn auch feucht, doch nie ganz gesättigt ist und immer neue Schichten mit dem Körper in Berührung bringt, welche dessen Feuchtigkeit aufnehmen« [1]. In der Anhäufung der relativen Feuchtigkeit ist auch ein wesentlicher Grund, nicht aber der bedeutendste, wie G. v. Liebig glaubt [2], gegeben für das eigenthümliche Gefühl von Beklemmung und Anfälle von Dispnoe in von vielen Menschen angefüllten schlecht ventilirten Räumen. Höchstwahrscheinlich sind es flüchtige, dyspnoetisch wirkende Stoffe, welche sich in der Luft anhäufen. Es sind also wohl jene hochoxydablen Stoffe, deren Existenz Pflüger und Schmidt nachgewiesen haben, welche sich fortwährend im venösen Blute bilden. — Als ferneren Beweis seiner Hypothese führt Rohden ganz mit Recht die profusen

---

1) G. v. Liebig l. c. p. 18.
2) l. c. p. 13.

wässerigen Ausscheidungen von Seiten des Darmes an, welche
beim Cessiren der hohen Feuchtigkeit ihren Ursprung genug-
sam markirten, wie solche an Orten mit hoher Luftfeuchtigkeit wie z. B. Venedig und Madeira wohl bekannt seien. Das
ist Alles ganz richtig, doch ist es wieder nur die relative
Feuchtigkeit, welcher diese Wirkung zuzuschreiben ist. Auch
aus Pisa berichtet Bröking[1]) dasselbe; »dort treten, so lange
die Feuchtigkeit sehr bedeutend ist, überaus häufig hartnäckige
diarrhoische Entleerungen auf.« Solche Orte wie die genann-
ten, denen ich aus eigener Erfahrung Spezia beifügen kann,
zeichnen sich ja gar nicht durch hohe absolute Feuchtigkeit
aus, sondern durch relative. Folgende Angaben nach Bröking
werden dies passend erläutern.

Monat	Dunstdruck im Mittel	Mittel der tägl. Oscill.	Rel. Feuchtigkeit	Oscill.
Nov.	8,37 Mm.	0,57 Mm.	81,3 %	8 %
Dec.	6,98	0,44	85,6	5
Jan.	5,33	0,44	78,1	10
Febr.	6,39	0,72	78,6	12
März	· 6,63	0,51	70,1	16

Wie man daraus ersieht, ist der Dunstdruck kein hoher,
die Schwankungen desselben unbedeutend, dagegen ist die
relative Feuchtigkeit eine bedeutende, die Schwankungen schon
im Mittel erheblicher. Absolute Schwankungen kommen aber
von 25 % nach Bröking vor.

Eine weitere Illustration liegt doch wohl auch in der
Angabe von Stewart, welche Hirsch[2]) mittheilt, wonach
hohe Grade von Luftfeuchtigkeit als wesentliche Beförderungs-
momente der Genese der Cholera nostras zu betrachten seien.

---

1) Pisa und sein Klima. Berl. kl. Woch. Nr. 47.
2) Histor. geogr. Pathol. II, p. 259.

Hirsch macht dazu die Bemerkung, dass dies zwar nicht constant der Fall ist, doch lasse sich vermuthen, dass dieses Moment nicht ohne Einfluss sei, obwohl es schwer zu bestimmen sein würde, wie weit seine Wirksamkeit reiche. — Die relative Feuchtigkeit kann übrigens im Mittel auf ziemlich demselben Stande an den einzelnen Tagen bleiben und dennoch täglich sehr grosse Schwankungen zeigen. In Badenweiler kamen innerhalb der einzelnen Tage in diesem Sommer Oscillationen von $20-30\,^0/_0$ vor, obwohl das Tagesmittel der relativen Feuchtigkeit ziemlich gleich hoch blieb. Es wurden dabei Lungenblutungen beobachtet. Auch braucht eine solche Reaction nicht direct einzutreten, sondern kann durch kurz vorhergegangene Schwankungen verursacht sein. Sehen wir uns nun einmal die von Rohden mitgetheilten 5 Fälle an, so finden wir bei dem 1., dass F von $77\,^0/_0$ auf $94\,^0/_0$ sprang; bei dem 2., dass F langsam steigend angeführt wird. Bei dem 3. heisst es, F war indifferent (aber wie hoch?) und bei 4. und 5. fehlt die Angabe des Werthes von F. — Es ist wohl sonst nicht das Rechte, wenn man Thatsachen einer Hypothese zu Liebe deutet, indess ich glaube, in unserem Falle wird man zugestehen, dass die relative Feuchtigkeit keineswegs unbetheiligt, sondern als wichtiger Grund auch für Blutungen, für Diarrhöen ist sie es ja gewiss, anzusehen ist. Wir finden an der von Rhoden aufgestellten Hypothese nichts mehr auszusetzen, sowie die relative Feuchtigkeit der Luft als Urheberin beschuldigt wird. Der durch plötzliches Steigen der relativen Luftfeuchtigkeit erhöhte Blutdruck würde somit ähnliche Wirkung hervorbringen, wie das bei Muskelanstrengungen, Excessen in Baccho et Venere der Fall ist [1]). Aber auch so könnte man sich den Eintritt der Lungenblutung denken, dass durch die bedeutende Luftfeuchtigkeit der Zerfall

---

1) Vgl. Med. Abhandl. von P. Niemeyer II, p. 215.

des erkrankten Gewebes zu rapide vor sich ginge; es käme
also zu acuter Cavernenbildung. — Verschiedene Inconvenienzen sahen wir durch plötzliches
Steigen der relativen Luftfeuchtigkeit eintreten. Dass solche
auch durch plötzliches Sinken hervorgerufen werden können,
ist gewiss. Es sind meist Orte, an welchen die Evaporation
eine beträchtliche ist, wo man zumal sehr erhebliches Fallen
der relativen Feuchtigkeit der Luft beobachten kann. Auf
alpinen Höhen kommen ganz euorme Schwankungen vor, an
den Orten der Riviera di Ponente kann die relative Feuchtigkeit von $90\,^0/_0$ auf $20\,^0/_0$ an einem Tage sinken; in Cadenabbia
beobachtete ich am 4. Mai 1873 ein Sinken von $88\,^0/_0$ auf
$35\,^0/_0$. Bekanntlich wird die Urinsecretion alsbald beschränkt,
sowie man aus einem feuchten Klima in trocknes kommt, an
anderen Körperstellen aber wird mehr Wasser verdunstet. Ich
glaube nun annehmen zu können, dass man sich sehr wohl das Auftreten einer Hämoptoe bei gewissen Lungenkranken auf die Weise
erklären kann, dass durch zu rapide Verdunstung des Wassers die
Schleimhäute so zu sagen ausgetrocknet würden. Die Luft wirkt
dann als directer Reiz auf an sich schon entzündcte Theile. — Da
ferner das wasserärmerc Blut auch als intensiveres Stimulans
auf das Nervensystem wirkt, so werden dessen Functionen
gesteigert, als deren Folge Aufregung und zumal Schlaflosigkeit
eintritt. Diese Beeinträchtigung der Nerventhätigkeit, zumal
des Schlafes, sah ich bei mir sowohl wie auch bei vollkommen
Gesunden, stets mit dem plötzlichen Fallen der relativen
Feuchtigkeit oder beim Ortswechsel aus feuchter in trockne
Luft zusammenfallen. Bis man sich daran gewöhnt hat, macht
sich eine Unruhe bemerklich, oft bis zum Unerträglichen gesteigert, die nur durch einen Wechsel wieder verschwindet.
Steinlin [1]), welcher sich in Palermo, Cannes und Barcelono

---

1) Verhandlungen der St. Gall. naturf. Gesellschaft 1867/68.

im Winter aufgehalten und noch andere Winterstationen be-
sucht hat, fand gleichfalls die Bezeichnung des »nervösen Klimas« immer von grösserer Trockenheit und Bewegung der
Luft begleitet. Durch letztere wird eben die Verdunstung
noch mehr erhöhet. — Für die Hämoptoe kann ich keine direc-
ten Beispiele hier anführen; indess weiss Jeder, dass an den
Orten mit trockenem Klima bei Manchen leicht Hämoptoe eintritt. Dührsen [1]) führt nun aus, dass in Madeira ebenso
häufig Lungenblutungen vorkämen als in Mentone. Wir glauben auch, dass sowohl an Orten mit starker Evaporation wie
an solchen mit geringer, d. h. feuchten Hämoptoe vorkomme;
nur ist es ein Mal-das Steigen, das andere Mal das
plötzliche Fallen der relativen Feuchtigkeit, welches den gleichen Effect hat. Im Allgemeinen scheint
es sich mir um verschiedene Zustände der Kranken zu handeln.
Das eine Mal sind es Individuen, bei denen Lungenparthien
im Zerfall begriffen sind, welcher durch die hohe Feuchtigkeit
zu sehr beschleunigt wird, das andere Mal sind es erregbare
Personen, etwa mit trockenem Catarrh, wo ja ohnehin die
afficirten Bronchialzweige hyperämisch sind; überhaupt bei
Reizzuständen der Respirationsorgane.

Wir glauben damit auch eine grössere Klarheit in die
klimatische Therapie der Hämoptoe zu bringen. Es wird nun
verständlich, dass, wie A. Mühry [2]) mittheilt, in Peru die
Hämoptoiker der Tiefebene nach dem Hochland übersiedelten,
um dort zu genesen, wie ferner Spengler an Meyer-Ahrens [3]) Folgendes schreiben konnte: »Unter vielen Lungenkranken befinden sich etwa sechs Patienten, welche sämmtlich

---

1) Deutsche Klinik 1869. Nr. 30. Einfluss des Klimas von Mentone auf kranke Individuen.

2) Klimatol. Untersuchungen etc. Leipzig und Heidelberg 1858.

3) Bormio 1869. V. Kap.

an heftigen, sich oft wiederholenden Lungenblutungen erkrankt
waren. Seit Februar befinden sie sich hier, erholen sich vortrefflich, trotz bereits bestehender mehrfacher Cavernenbildung
u. s. w.; Blutungen sind nicht mehr eingetreten.« Nach einer
späteren Mittheilung (Nov. 1868) versichert er, dass Lungen-
kranke, die an Blutungen leiden, nicht nöthig haben, den
Aufenthalt in hochgelegenen Gegenden zu fürchten, im Gegentheil zeige die Erfahrung, dass gerade im Hochgebirge die Hämoptoe seltener werde und schliesslich oft vollständig ver-
schwinde. —

Andererseits wird man auch einsehen, dass ebenfalls
mit vollem Rechte für Hämoptoiker tiefgelegene Plätze mit
feuchter Luft als passender Aufenthalt empfohlen worden sind,
während man davor warnte, solche Leute in's Gebirge, wenigstens an die alpinen Stationen, zu senden [1]). Es ist also
hier ein Unterschied zu machen und schickt man Kranke
mit Reizzuständen an Orte mit feuchtem Klima, die
anderen aber an solche, deren Luft sich durch stärkere Evaporation auszeichnet.

Wir bemerken dabei gegen Biermann [2]), welcher im
Ganzen dieselbe Trennung macht, dass nicht nur die Höhen,
sondern ebensowohl die tiefgelegenen trocknen Plätze zu
empfehlen sind. In der Auswahl klimatischer Kurorte für
Hämoptoiker ist gerade bei der Anwendung der Höhen keine
geringe Vorsicht nöthig. In unserer Zeit befürchtet man nun
nicht mehr, wie noch vor Kurzem, als die Ansichten F. v.
Niemeyer's bei Allen Geltung hatten, dass das in der Lunge
bei Hämoptoe zurückgebliebene Blut als Entzündungserreger
wirke und Bronchopneumonie verursache, nachdem auch so

---

1) Waldenburg l. c. p. 777.
2) l. c. p. 204.

bedeutende Autoritäten wie Rindfleisch [1]) und Buhl [2]) sich dagegen erklärt haben, weil in einer späteren Zeit niemals Spuren einer stattgehabten Blutung nachzuweisen sind (Traube) und nach den experimentellen Untersuchungen von Perl und Lipmann [3]) das in die feinsten Bronchien ergossene Blut schon nach 12 Stunden ohne Entzündung zu erregen resorbirt ist. Aehnliches ging aus früheren [4]) und auch den neueren [5]) Mittheilungen Sommerbrodt's hervor, indem, wie Friedländer [6]) zeigt, die nach einer Blutinjection in die Trachea in den Lungenalveolen vorgefundenen »grossen Zellen Colberg's« nicht sofort auch als Ausdruck einer catarrhalischen Pneumonie gelten können. — Und doch kann eine eintretende Blutung selbstverständlich nicht gleichgültig sein, einmal weil nach Aufrecht [7]) »in menschlichen Lungen, wo meist ein bronchopneumonischer Heerd oder eine Cavernenwand die trübe Quelle der Blutung ist, häufig genug mit dem Blute Partikeln des in Zerfall begriffenen Heerdes oder der Cavernenwand mit fortgerissen und in die feineren Bronchien eingekeilt werden oder das Blut, wenn es jenes auch nicht thut, durch Berührung mit den zerfallenden Stoffen des Heerdes, resp. der Cavernenwand leichter zersetzt wird«; dann weil eine Blutung, wenn sie etwas beträchtlich ist, bei einem schon heruntergekommenen Individuum schon an und für sich schwächt und endlich weil selbst bei ganz unbedeutenden Blutungen bei den Meisten eine grosse psychische Depression eintritt. — Aus

---

1) Vortrag in der Niedr. med. Ges. Bonn. Sitz, 18. Nov. 1870.
2) Lungenentz. u. s. w. p. 149 seqq.
3) Virch. Arch. 51, p. 552.
4) Med. Centralblatt 1871. Nr. 47.
5) Virch. Arch. 55.
6) Lungenentzündung 1873. Berlin.
7) Die chronische Bronchopneumonie u. s. w. 1873. p. 21.

solchen Gründen geben wir lieber trocknen tiefgelegeuen Orten
den Vorzug, weil an diesen die Oscillationen der Luftfeuchtigkeit doch nicht so häufig und in gleicher Grösse vorkommen
als auf den Höhen; sollten aber die Höhen in Anwendung
gezogen werden, so müssten es die feuchteren als die milder ein-
wirkenden sein.

Wir führten in diesen Fällen die Höhen gleichwirkend
mit trocknen tiefgelegenen Plätzen an, nicht nur weil die
Höhen meist durch trockne Luft sich auszeichnen, sondern
auch weil dort, selbst wenn die relative Luftfeuchtigkeit zuweilen sich sehr hoch beziffert, die Wasserverdunstung eine
grosse ist. P. Niemeyer [1] sagt: »die Evaporationskraft ist
-auf den Höhen eine erhebliche, denn ebenso wie im Gebirge
der Siedepunkt des Wassers auf einer niedrigeren Stufe steht,
ebenso ist die spontane Dampfbildung· eine raschere. Physio-
logisch äussert sich diese Wirkung durch eine begierige Aufnahme der Transpiration, dass Schweisstropfen auf der Haut
kaum sichtbar werden und die letztere bei Frostwetter auf-
springt. Ebenso kann die Schleimhaut der Lunge ihre Feuchtigkeit viel rascher verlieren und ·die Folge dieser rascheren
Abdunstung ist ein rascherer Wärmeverlust überhaupt.« Das
beweist wohl, dass wir zu der Gleichstellung ganz berechtigt
waren. —

Gewissen Kranken glaubten wir den Aufenthalt an Orten
mit hoher Luftfeuchtigkeit empfehlen zu müssen. Liest man
nun Sätze wie den von Buhl [2]), welche er wie alles Uebrige
mit einer so grossen Sicherheit vorträgt, »höhere constantere
Luft- und Bodenfeuchtigkeit erzeugen die phthisiche Constitution und nur der Mangel an Gelegenheitsursachen (der Tem-
peratursprünge) gleicht ein so schlimmes Verhältniss aus,« so

---

1) Med. Abhandl. I, p. 153.
2) l. c. p. 148.

möchte man sich doppelt besinnen, wollte man eine solche
Schuld auf sich laden. Wir wollen einmal zusehen, welche
Bewandtniss es mit diesem Satze hat. Die Fassung ist zunächst eine sehr unglückliche; auf diesen Vordersatz ist der
Nachsatz ohne Sinn, weil eine höhere Luftfeuchtigkeit ja nur
dann constant sein kann, wenn nur sehr geringe Temperaturschwankungen vorhanden sind. Der Nachtheil, den die constante Feuchtigkeit bringen sollte, wäre also immer ausge-
glichen. Man sehe, was Biermann[1]) in dieser Sache ausführt:
»Da eine relativ feuchte Luft resp. ihr Sättigungsgrad an
bestimmte Wärmegrade gebunden ist, so lässt das Vorkommen
geringerer Schwankungen bei jener auf eine grössere Gleich-
mässigkeit der Temperatur an dem Beobachtungsorte schliessen.
Dies findet auch seine Bestätigung in den Temperaturbeob-
achtungen auf allen Theilen der Erde, die in feuchten und
namentlich zugleich warmen Klimaten überall geringere
Schwankungen in Bezug auf Jahres- und Tageszeiten, Sonnen-
und Schattenwärme aufweisen.« Das Fehlerhafte liegt eben
in dem Worte »constant,« dadurch wird der Satz unhaltbar.
Buhl steht auf dem Standpunkte von Hirsch[2]), welcher
sich übrigens gar nicht so unrichtig ausdrückt. Gegen die Annahme von Hirsch, dass die Trockenheit der Luft eines der
wesentlichsten Momente der Immunität gegen Phthisis sei,
sprechen vielfache Beobachtungen. Landschaften, welche sich
gerade durch hohe Luftfeuchtigkeit auszeichnen, besitzen gleichfalls Immunität; es sind die von Hirsch[3]) selbst angeführten
Island und die Faröer-Inseln. Dagegen spricht auch der
im Allgemeinen so günstige Gesundheitsstand der Seeleute,
deren Atmosphäre doch die feuchteste ist, die Beobachtung

1) l. c, p. 27.
2) Hist. geogr. Path. II, p. 77.
3) II, p. 55.

von Liebig [1]), dass in den Tropen die Regenzeit, wenn die
Luft mit Feuchtigkeit beladen ist, die gesundeste Jahreszeit
ist. Bei uns wird ferner die Phthisis besonders in der relativ
trocknen kalten Jahreszeit acquirirt und fühlen sich eine ganze
Anzahl von Phthisikern gerade bei feuchtem Wetter, in feuchtem Klima wohl, es tritt relative Besserung, resp. Stillstand
des Leidens ein, obwohl sehr Viele trockene Luft besser ver-
tragen. Wesshalb man übrigens heutzutage absolut den verminderten Luftdruck für die Befreiung einer Gegend von
Phthisis ansehen will, kann uns nicht einleuchten. Hirsch [2])
nimmt allen einseitigen Erklärungsversuchen gegenüber die
beste Stellung ein. »Es ist eine constatirte — Thatsache«,
sagt er, »dass Schwindsucht in vielen Gegenden, die von
derselben früher ganz verschont gewesen waren, aufgetreten
ist, und eine sehr bedeutende Verbreitung erlangt hat, ohne
dass sich in den klimatischen Verhältnissen derselben irgend
etwas verändert hätte, dass die Krankheit in grösseren Län-
derstrichen selten ist, und nur in den innerhalb derselben
gelegenen, übrigens unter denselben Witterungsverhältnissen
stehenden, grösseren Städten in grösserer Frequenz angetroffen
wird, dass eine veränderte Lebensweise auf das Auftreten und
Vorherrschen von Schwindsucht in ganzen Völkerschaften von
dem entschiedensten Einfluss gewesen ist, während das Klima,
in welchem sie lebten, dasselbe blieb, welches es früher gewesen war.« An einer anderen Stelle [3]) heisst es: »Ich kann
nicht umhin, darauf aufmerksam zu machen, dass diejenigen,
welche die Lösung jener Frage mit dem Thermometer, Barometer, Hygrometer und Anemometer in der Hand lösen zu
können oder schon gelöst zu haben glauben, sich in einem

---

1) l. c. p. 17.
2) l. c. II, p. 80,
3) l. c. II, p. 52.

grossen Irrthum befinden, den nur die nüchterne Auffassung
der Gesammtsumme der Thatsachen zu beseitigen vermag.« —
Um nach dieser Abschweifung zu unserem ursprünglichen
Thema zurückzukehren, so kann als sicher angenommen werden, dass keineswegs alle Orte mit feuchtem Klima als
Krankenaufenthalt zu fürchten sind. Es ist ja natürlich, dass
nur solche Orte ausgewählt werden, welche auch andere klimatische Vorzüge vor Anderen voraus haben. ·Selbstverständ-
lich ist es, dass man nicht gerade einen notorisch ungesunden
Platz empfehlen wird. ¡ Mittermaier [1]) und Andere gestehen
zu, dass auf Madeira, jenem berühmten Krankenasyl für Phthi-
siker, die Krankheit unter den Eingeborenen nichts weniger
als selten ist. — Und wenn auch die an einem Orte gebo-
renen und erzogenen Bewohner nicht von Lungenschwindsucht
befallen werden, so erstreckt sich der Schutz doch keineswegs
auch auf Neuankommende oder schon von der Krankheit Be-
fallene. Es. ist natürlich, dass man bei der Auswahl einen
immunen Ort, wenn er sonst den Anforderungen, die im speciellen Falle gestellt werden, entspricht, lieber auswählt, als
einen Platz, an welchem die Krankheit nicht selten ist. Aber
zu fürchten ist eine solche Station nicht im Geringsten, wie
die vielen Beispiele von Besserung, resp. Heilung oder Stillstand, welche auch an nicht immunen Orten beobachten sind,
beweisen; der Kranke lebt ja wesentlich unter ganz anderen
und viel besseren Verhältnissen als die Bevölkerung an einem
solchen Orte; er hat nur auf seinen Zustand Rücksicht zu
nehmen und braucht sich lange nicht jenen Schädlichkeiten
auszusetzen, wie dies ein grosser Theil der Bewohner täglich
thut und leider thun muss.

In Spezia war im Jahre 1870 die Sterblichkeit eine ausserordentlich geringe, 1 : 40,2. In früheren Jahren kam es

---

1) Madeira etc. Heidelberg 1855.

vor, dass das kleine Hospital öfters ganz leer stand. Mit der
Vermehrung der Arbeiter im Kriegshafen, deren Zahl jetzt
circa 2500 beträgt, stieg die Sterblichkeit von 1 : 40,2 auf
1 : 38,5 (1871), dann auf 1 : 34,0 (1872). Wenn man aber
bedenkt, in welch' elenden Verhältnissen diese Leute leben,
wie sie in armseligen Baracken zu 25, 50, ja 100 Personen
zusammenwohnen, wie ferner die Leute hierbei durch die
bedeutende Vermehrung der Bevölkerung (in 2 Jahren um
4037 Personen) oft gezwungen sind, in den noch kaum fertig-
gestellten, noch feuchten Wohnungen ein Unterkommen zu
suchen, so ist es merkwürdig, dass überhaupt nicht ein noch
viel ungünstigeres Verhältniss in der Sterblichkeit sich heraus-
gestellt hat. —

Dass indess auch atmosphärische Schädlichkeiten lange
nicht in demselben Grade auf Eingeborene und Ankömmlinge
namentlich aus kälteren Gegenden nach verhältnissmässig wär-
meren, einwirken, geht aus der Thatsache hervor, dass nach
Detroulau [1]) bei Europäern - in Senegambien Catarrh und
Bronchitis excessiv selten sind, während diese Leiden bei den
Eingeborenen zu den weitaus häufigsten gehören.

Ferner erwähnt Hirsch [2]), dass es ganz unzweifelhaft
ist, dass Europäer, welche nach Senegambien, der Westküste
Afrikas, nach Ceylon, selbst nach Algier und Egypten kommen, weit seltener von Pneumonie und Pleuritis befallen werden als die Eingeborenen und die aus niederen Breitengraden
nach den beiden letztgenannten Gegenden Eingewanderten.

Allein wenn es auch somit keinem Bedenken unterliegen
kann, einen Kranken nach einem sonst verhältnissmässig gesunden Orte mit feuchter Luft zu senden, so deuten ja auch

---

1) Traité des mal. des Européens dans les pays chauds. p. 11.
Paris 1861.

2) Hist. geogr. Path. II. p. 38.

unsere oben gegebenen Beispiele darauf hin, dass natürlich
nicht Allen dieselben constanten klimatischen Verhältnisse zuträglich sein können. Es kommt eben, wie wir das wiederholt betont haben, wesentlich darauf an, der ebenso schwie-
rigen wie höchstwichtigen Aufgabe, eine richtige Auswahl zu
treffen, gerecht zu werden.

Bei der Empfehlung klimatischer Stationen pflegt man
gerne die geringen Temperaturschwankungen hervorzuheben.
Den Temperaturschwankungen in Orten mit verschiedener
Luftfeuchtigkeit kommt aber kein gleicher Werth zu. Eine sehr
kleine Abkühlung z. B. ist bei hoher relativer Feuchtigkeit
wegen der Einwirkung auf die Wasserausscheidung der Haut
und Lungen oft sehr empfindlich und nachtheilig; in trockner
Luft dagegen hat eine solche gar keine unangenehmen Gefühle
oder nachtheiligen Einflüsse zur Folge [1]). Man erkennt daraus,
wie falsch es ist, die Temperaturschwankungen von Orten mit
feuchtem Klima mit solchen an trocknen Plätzen in Vergleich
zu ziehen. Selbstverständlich fällt ein solcher Vergleich schein-
bar immer zum Nachtheil der letzteren aus, und doch kann
es in der That recht gut ganz umgekehrt sein. Weil ferner
bei niedrigerer Temperatur schon viel kleinere Unterschiede
eine grössere Differenz in dem Verhalten der Luftfeuchtigkeit
bewirken, ist ebensowenig ein Vergleich der Temperaturoscil-
lationen von Orten mit zwar gleicher relativer Luftfeuchtigkeit
aber ungleicher Temperatur statthaft. Orte mit niedrigerer
Temperatur der Luft müssen geringere Oscillationen aufzu-
weisen haben als Orte mit höherer, wenn sie denselben Werth
beanspruchen wollen. Leider fehlen uns von fast den aller-
meisten klimatischen Stationen die genauen Angaben über
Schwankungen der Luftfeuchtigkeit. Bis jetzt hat man sich

---

1) G. v. Liebig, Unters. über Ventilation und Erwärmung der
pneumat. Kammern. p. 19. München 1869.

vollkommen begnügt, wenn man in Betreff jener nur eine ganz
dürftige Mittheilung machte. Dass anf diese Weise die Kenntniss der Wirkung der relativen Feuchtigkeit nur sehr langsam
fortschreiten konnte, liegt auf der Hand. —

Seit R. v. Vivenot [1]) darauf hingewiesen hat, hält man
daran fest, dass der Begriff »milde Luft« zu denen gehöre,
deren Vorhandensein sich nicht durch Worte versinnbildlichen
lasse. Jeder weiss, dass empfindliche Respirationsorgane sofort
durch das Gefühl entscheiden können, was »milde« und was
»scharfe, rauhe« Luft zu nennen ist. P. Niemeyer [2]) glaubt,
die empirische Lehre von dem »milden« Klima sei durch die
Frage nach der Aequabilität zu rectificiren. Nach Allem, was
ich an mir selbst in verschieden feuchter Luft beobachtet, und
was ich aus den Aeusserungen vieler Brustleidender wie übrigens auch Gesunder schliessen kann, war es immer eine Luft,
in welcher die Wasserverdunstung eine grosse war, welche als
»scharf,« das Gegentheil von jenem als »milde« bezeichnet
wurde. Merkwürdigerweise gibt auch Vivenot seine obige
Bemerkung bei der Besprechung der Luftfeuchtigkeitsverhält-
nisse; ob mit Absicht, kann ich nicht entscheiden. Im Allgemeinen ist es wohl richtig, wenn ein höherer Grad von Luftfeuchtigkeit als das bedingende Moment für die Milde der
Luft angesehen wird. Uebergänge finden natürlich statt; unter 70% relativer Feuchtigkeit scheint die Gränze der milden
Luft nicht zu suchen zu sein. —

Als Hauptfactor zur Charakterisirung der Klimate hat
man den Luftdruck angesehen und mit Rücksicht auf denselben eine Eintheilung a) alpines, b) subalpines Klima, c) bin-
nenländische Thäler und Ebenen, d) Seeklima aufgestellt. Aber
nur bei der ersten Klasse, also bei sehr hochgelegenen Orten,

---

1) Palermo etc. p. 46. Anm. 57.
2) Med. Abhandl. I, p. 144.

kommen in's Gewicht fallende Veränderungen des Luftdruckes
in Betracht. Während nun die 3. und 4. Klasse mit Bezug
auf den Luftdruck vollkommen gleich stehen, bemerkt man
bei der 2. im Vergleich zu den beiden letzten nur so geringe
constante Barometerhöhendifferenzen, dass trotz dem Nachdruck,
den man auf das Permanente der Wirkung gelegt hat, wenn
wir im Vergleich bleiben wollen, den Biermann [1]) gemacht
hat, es sich wirklich nur mehr um eine äusserst homöopa-
thische Dosis eines sonst wohl nicht indifferenten Heilmittels
handeln kann. Eine Berechtigung, den Luftdruck als oberstes
Princip der Eintheilung der Klimate gelten zu lassen, scheint
demnach gar nicht vorzuliegen. Wenn man von dem grossen
Einfluss gesprochen hat, den selbst so kleine Differenzen des
Luftdruckes wie von nur wenigen Linien an demselben
Orte auf das Befinden, namentlich von Kranken, haben soll,
so war das ein Irrthum. Rohden [2]) weist nach, dass die
alte Notiz von Goslin [3]), demzufolge Lungen- und Uterin-
blutungen gewöhnlich mit dem Fallen des Barometers zusam-
mentreffe, nicht auf Rechnung des Luftdruckes kommen könne,
1) »weil nur in der Hälfte — ein Sinken der Barometersäule
notirt sei und 2) weil eine auffallende Menge von plötzlichen
Barometerständen aufgezeichnet sei, welche ohne allen Schaden
verliefen.« Zu der Begründung, die Rohden nun gibt, haben
wir Oben schon Stellung genommen. Ganz sicher bleibt jedenfalls, dass von einer nachtheiligen Wirkung solcher Schwankungen des Luftdruckes absolut nicht die Rede sein kann.
Die anderen meteorologischen Veränderungen fielen dabei nicht
nur mit ins Gewicht, sondern sie waren eben hauptsächlich
zu beschuldigen. Bei dem Gebrauche der pneumatischen Kam-

---

1) l. c. p. 33.
2) l. c. Nr. 17.
3) Canstatt, Jahresber. von 1843. II. p. 186.

mern werden täglich Veränderungen des Luftdruckes von etwa
300 Mm. vorgenommen. Von einem erheblichen Zufall der
betheiligten Kranken wird Nichts berichtet. Das Ansteigen
des Druckes wird immer viel besser ertragen als das Fallen;
aber auch bei letzterem machen sich keine Nachtheile bemerklich, sowie dasselbe auf eine nicht zu kleine Zeit ausgedehnt
wird. Eine grosse Anzahl von Arbeitern, eine Bemerkung,
welche ich Helfft[1] entnehme, befand sich bei verschiedenen
Bauten z. B. der Quarantaine-Brücke zu Lyon, der Brücke zu
Maçon, der Kettenbrücke zu Szegedin, der Rheinbrücke zu
Kehl, der Brücke von Argentail, 4 Stunden mehrmals täglich unter einem Luftdruck von 3 Atmosphären. Sie ar-
beiteten mit grosser Ausdauer und nahmen, abgesehen von
einem unangenehmen Druckgefühle in den Ohren beim Eintritt
und von mancherlei Beschwerden bei zu raschem Ent-
schleussen der Caisons keinerlei Schaden an ihrer Gesundheit, im Gegentheil genasen notorisch brustleidende Personen.

Das, worauf es uns ankommt, ist, dass die Leute trotz
solch' immenser Druckschwankungen keinerlei Schaden nahmen!
Meyer-Ahrens[2] erzählt nun: »Wir haben bereits die Erfahrung mitgetheilt, die Lombart auf dem Mont Salève an
sich selbst machte, und so weiss man in Genf überhaupt ganz
wohl, dass es Menschen gibt, die impressionabel genug sind,
auf Höhenveränderungen von nur 30—40 Meter mit einer Veränderung in ihrem Zustand zu antworten.« Eine derartige
Einwirkung des Luftdruckes wird uns sehr fraglich, wenn man
liest, was Meyer-Ahrens kurz vorher selbst ausspricht:
»Was die Impressionabilität betrifft, so sind gewisse Personen
in fraglicher Beziehung wahre Sensitive, so dass oft eine Ver-
setzung aus der Stadt auf's Land genügt, um in kurzer Zeit

---

[1] Balneotherapie 7. Aufl. p. 353. 1870. Berlin. Hirschwald.
[2] Bormio V. Kap.

eine merkliche Besserung in ihrem Zustande herbeizuführen.« Warum soll in dem einem Fall die minimale Veränderung im Luftdruck absolut als Ursache herangezogen werden, wo ein andermal eine einfache Luftveränderung zur Erklärung ausreichend ist? Allerdings nicht Jeder ist gleichbemüht, um jeden Preis den Nutzen und den guten Einfluss des verminderten Luftdruckes nachzuweisen. Aber angenommen, es gäbe gewisse • Leute von der angeführten Qualität, was beweist das für die Gesammtheit? — Viel bedeutender sehen wir andere klimatische Factoren auch bei äusserst geringen Veränderungen ihren Einfluss zur Geltung bringen. Bedenken wir, dass, wie wir p. 20 angeführt haben, schon so geringe Differenzen von $1^0/_0$ der relativen Feuchtigkeit wohl auch eine merkliche Aenderung der Perspiration hervorbringen und somit schon Einfluss auf den Organismus ausüben, während erst ziemlich erhebliche Unterschiede im Luftdruck und dazu erst bei dauernder Einwirkung sich im Verhalten des Organismus geltend machen; dass wir im Verlaufe unserer Darstellung eine ganze Reihe von sehr auffallenden Einflüssen und auch Nachtheilen von der relativen Luftfeuchtigkeit haben ableiten können, so ist es nicht mehr ungerechtfertigt, wenn wir vorschlagen, solange, bis ein besseres Princip der Eintheilung gefunden ist, an der freilich nicht neuen Eintheilung der Klimate nach dem Feuchtigkeitsgehalte der Luft fest zu halten[1]). Bei einer solchen Trennung kann sehr wohl die Wirkung des Luftdruckes beachtet werden. Es fiel uns ja auch gar nicht ein, seine Einflüsse ganz zu leugnen.

Noch ist zu erwähnen, dass 1) erhöheter Luftdruck und feuchte (warme) Luft, 2) verminderter Luftdruck und trockne Luft sehr wichtige Eigenschaften und Einflüsse auf den Organismus gemein haben:

---

1) Dasselbe thut Rohden in Braun's Balneotherapie 3. Aufl. 1873, wie auch P. Niemeyer, Med. Abhandl. II. Bd. 1873.

1) **Erhöheter Luftdruck und feuchte Luft:**

a) geringere Inanspruchnahme der Functionen des animalen Nervensystems; ruhiger Schlaf;

b) vermehrte Kohlensäure-Ausathmung;

c) verlangsamte Blutbewegung.

2) **verminderter Luftdruck und trockne Luft:**

a) nervöse Aufregung; Schlaflosigkeit;

b) Pulsbeschleunigung;

c) grössere Hautdürre;

d) Wärmevermindernng.

Durch gleichzeitiges Vorhandensein der ähnlich- oder der unähnlich wirkenden Art muss eine Verstärkung oder eine Abschwächung in der Wirkung eintreten. Bekanntlich sehen wir an den feuchteren alpinen Stationen eine viel weniger reine Wirkung von Seiten des verminderten Luftdruckes als an den trockneren. —

Auf die höchst wichtige Thatsache, dass der Ozongehalt der Luft durchaus mit dem Feuchtigkeitsgehalt der Luft und des Bodens gleichen Schritt hält, der Art, dass man von dem einen auf den anderen zu schliessen vollkommen berechtigt ist, wollen wir wenigstens hinweisen. Für die Salubrität feuchter Witterung sowie der Orte mit feuchtem Klima ist das von der allergrössten Bedeutung. —

Wir schliessen diese Beiträge, indem wir Allen, welche dazu Gelegenheit haben, ausgedehnte und sorgfältige Beobachtungen der Luftfeuchtigkeit an's Herz legen. Leider hat man solche bis jetzt viel zu sehr vernachlässigt. Bei der Beobachtung dürfte es sich dann empfehlen, **die Eintheilung nach den meteorologischen Jahreszeiten**, nicht aber nach der Saison, wie das bei den Winterstationen üblich war, zu treffen. Die Eintheilung nach der Saison hat vornehmlich für Frühjahrs- und Herbststationen etwas Bedenkliches. Orte,

welche im meteorologischen Winter nach Vivenot's Eintheilung der Klimate mit Recht zu den mässig feuchten gehören, sind im Frühling zu den mässig trocknen zu rechnen.
In Rom z. B. beträgt die relative Feuchtigkeit im Winter
$72\,\%$, im Frühling $68\,\%$; in Funchal (Madeira) im Winter
$74,6\,\%$, im Frühling $69\,\%$; in Cadenabbia im Herbst $76,6\,\%$,
im Frühling $66,5\,\%$. Für die Klimatotherapie aber kann ein
solches Verhältniss nicht ganz gleichgültig sein; — Auch wäre
es sehr wünschenswerth, wenn die in allen andern wissen-
schaftlichen Werken aufgenommenen Temperaturbestimmungen
nach den Graden der Centesimalscala auch in klimatologischen
Werken eingeführt würden. —

In Folgenden veröffentlichen wir unsere Notizen über drei
Orte, deren Berechtigung als klimatische Stationen zu dienen,
wir als sicher begründet erachten müssen.

B. MITTHEILUNGEN

UEBER

I. CADENABBIA AM COMERSEE.

Nachdem schon Th. Burgess[1]) auf die Plätze am Comersee als solche mit gleichmässig temperirtem Klima hingewiesen hatte, bestätigte Prof. Schellenberg[2]) vielleicht in zu starken Lobeserhebungen dies besonders für die Tremezzina[3]). Allein seine Schrift erweckte bei den Medizinern kein Vertrauen, und liess man auch für den October die Tremezzina als »wundervollen, wahrhaft erquickenden Aufenthalt« gelten und fand sie auch im Früjahr bei dem empfindlichen Mangel geeigneter Stationen als Uebergang nicht ungeeignet, so glaubte man doch von deren Anwendung im Winter durchaus abstehen zu müssen. Reimer[4]), welcher am Schlusse seiner Darstellung von Lugano auch Cadenabbia mit einigen Worten abfertigt, meint »am Comersee selbst glaube kein Mensch daran, dass, wie Schellenberg hervorhebe, die Tremezzina auf gleicher Stufe mit Lugano stehe.« Wir werden im Folgenden zeigen, in wie grossem Irrthum sich Reimer befindet, dass seine Annahme stark an das erinnert, was er p. 3 anderen Berichten

---

1) Climate of Italy with remarks on the influence of foreign climates upon invalids. London 1852.

2) Im Golf von la Spezia und am Comersee. Skizzen und Studien aus dem Sommer und Winter 1862 — 1863. Leipzig und Stuttgart 1865.

3) Die Strecke von Cadenabbia bis zur Punta di Lavedo am westlichen Ufer des Como-Armes des Comersees wird als Tremezzina bezeichnet.

4) Ueber einige klimatische Winterkurorte u. s. w. Nachtrag. Berlin 1872.

zum Vorwurf macht, nämlich, dass nur der flüchtige Tourist
hervorschaue. Auch wir haben ähnliche Auslassungen gehört,
aber nicht am Comersee, sondern in Lugano! Hätte auch
wirklich die ungebildete Bevölkerung eines Ortes keine Ahnung
von den Vorzügen ihrer Heimath oder befände sich in Un-
kenntniss über die Art und Weise, wie wir das Klima in ge-
eigneten Fällen in Anwendung ziehen, so könnten wir darin
nichts Wunderbares erblicken. — Wir leugnen nicht, dass
Schellenberg's Schrift von vielen Mängeln nicht frei ist,
allein vom Klima am Comersee hat er dennoch das Rechte
ausgesagt.

Obwohl nun schon im Jahre 1867 B. Dürer[1]), welchem
Schellenberg seine Temperaturtabelle verdankte, in einer
verdienstvollen Arbeit auch mit Rücksicht auf die Hygieine die
meteorologischen Verhältnisse der Tremezzina besprochen hatte,
weil er der Ueberzeugung war, »dass dieselbe höher zu schätzen
sei, als verschiedene Plätze, welche als Winteraufenthalt dienen
und von Vielen frequentirt sind«, so fand dies dennoch in
Deutschland keinen Anklang. Indem wir unseren Mittheilungen die Dürer'sche Abhandlung zu Grunde legen, werden
wir unserem Zweck entsprechend andere klimatische Kurorte
in Vergleich mit Cadenabbia ziehen. Wir hoffen dadurch alle
noch vorhandenen Zweifel leicht zerstreuen zu können. »Die
Wahrheit aber«, sagt Lebert[2]), »kann geduldig sein, ein
Kind der Zeit, gelangt sie früher oder später zur Herrschaft
der Zeit.«

Von allen Orten am Comersee (199 M. = 656 p. F.), dieser
kostbaren Perle in dem Diadem der bella Italia, diesem See,

---

1) Osservaz. meteorologiche etc. Memoria di B. Dürer. — Estratto
dal vol. II delle Mem. della Società Italiana di scienze naturali. Milano 1867.

2) p. 110. Ueber Milch- und Molkenkuren u. s. w. Berlin 1869.

welchem an Glanz und Lieblichkeit der Landschaft und Scenerie, an Pracht der Villen und Gärten kein See Italiens gleichkommt, eignet sich jetzt nur Cadenabbia zum Krankenaufenthalt. Zweckmässiger noch würde Tremezzo sein in dem Theile von der Villa Visconti bis nach Bolvedro, die eigentliche Tremezzina, wegen des grösseren und wirksameren Schutzes gegen heftige Winde, welche hier am See wie in den mehr an den Berg hinangerückten Dörfchen Balogno und Volesio in keiner Weise belästigen können. Allein da es zur Zeit an genügendem Unterkommen fehlt, so ist man wohl am Besten in Cadenabbia aufgehoben. In den dortigen Hôtels findet man allen Comfort, und zeichnet sich darin Hôtel Belle Vue besonders aus, indem dasselbe nicht nur eine bessere Lage voraushat, sondern auch hölzerne Fussböden sich vorfinden. Allerdings ist dasselbe auch das theuerste. Scheut man den grossen Verkehr namentlich in der besseren Jahreszeit, so ist unbedingt der vortrefflichen und billigen Pension Belle Ile Vorzug zu geben. Dass man keinen anderen Ort am ganzen See, wie das sonst so beliebte Bellaggio, Varenna, Menaggio oder gar Como wählen darf, wiewohl dieser bedenkliche Fehler oft genug begangen wird, sollte man eigentlich gar nicht weiter auseinandersetzen müssen. Der nördliche Theil des See's ist stärkeren Winden, niedrigerer Temperatur bei der grossen Nähe der Schneeberge, öfterem Wechsel ausgesetzt, der Arm von Lecco hat eine anhaltende Breva, welche direct auf Varenna und auch Menaggio trifft; Bellaggio ist, abgesehen von dem gänzlichen Mangel an Spaziergängen, besonders dem Nordwind viel zu sehr preisgegeben und bekommt viel zu spät die Sonne; zwischen Como und Tremezzo aber besteht bei kühlem Wetter und namentlich im Winter eine Temperaturdifferenz von 2,5—5,0⁰ C.

Cadenabbia, am westlichen Ufer des Comersee's, an der Theilung in seine beiden Arme, gelegen, ist durch den M. Crocione und M. Galbiga nach Nord und besonders Nordwesten

geschützt; der Südostwind, die Breva di Lecco, wird durch den
M. St. Primo und Grossgallo je weiter nach Tremezzo um so
mehr abgehalten; der Südwest, die Breva di Como, durch die
punta di Lavedo abgelenkt, ist kaum jemals unangenehm fühlbar. — Für die überaus günstige Lage dieser Gegend spricht
auch die herrliche, südliche Vegetation, welche hier eine Pracht
und Ueppigkeit entfaltet, welche diejenige an anderen weit
mehr renommirten Orten um ein Bedeutendes übertrifft. Es
siud Oliven, Laurus, Laurustinus, Cypressen, Magnolien, Kame-
lienbäume, Rhododendron, Feigen, Kastanien, Myrthen, Japa-
nische Mispeln, Aloe in den Arten Yucca und Agave, Oleander u. s. w., welche im Freien überwinternd in den schönsten
Exemplaren zu finden sind. Orangen und Citronen bedürfen
im Winter noch des Schutzes. —

An Spaziergängen fehlt es zwar nicht; allein Diejenigen,
welche durchaus nicht steigen köunen, müssen sich auf den
schönen Weg den See entlang beschränken. Von Staub ist
wegen mangelndem Wagenverkehr‚ durchaus nicht die Rede.
Auf unsere Nachfrage wurde von dem liebenswürdigen Herrn
Verwalter B. Dürer, einem Deutschen, bereitwilligst erklärt,
dass er für Patienten auf eine dessfallsige Bitte die Erlaubniss
zu stetem Besuche des prächtigen Parkes der Villa Carlotta,
wo sich geschützte, traute Plätzchen in Hülle und Fülle befinden, ertheilen werde. — Gibt es nun im Herbst wie im
Frühjahr Unterhaltung genug, so ist es natürlich im Winter
recht still. Dies würde bei einer eventuellen Auswahl gewiss
nicht gleichgültig sein; wo möglich sollte man Niemanden ganz
allein dorthin schicken. Es gibt aber auch Menschen, welchen
die Ruhe sehr wohl thut, die sich in Stille und Zurückgezogen-
heit gerade glücklich fühlen. — Mit Como besteht 2 mal täglich eine Dampfschiffverbindung. Die Lebensmittel sind vortrefflich, das Trinkwasser rein und klar. Der Gesundheitszu-
stand der Bewohner ist ein ausserordentlich guter.

Schellenberg [1]) theilt mit, dass nach der Versicherung des alten, erfahrenen Arztes der Gegend der Rheumatismus die vorherrschende, fast einzige Krankheitsform am See sei, doch glaubt er ganz mit Recht die Schuld davon nicht dem See, sondern der Lebensweise der Bewohner beimessen zu müssen, die im Winter dem Zugwinde in den schlecht und gar nicht verwahrten, ungeheizten Zimmern und zugleich der Fusskälte auf den steinernen Fussböden sich ohne Bedenken auszusetzen pflegen. —

Die nächste ziemlich gut ausgestattete Apotheke ist in dem $^1/_2$ Stunde entfernten Menaggio. In Tremezzo wohnt der italienische Arzt Dott. Cetti, ein Mann in der Blüthe der Jahre, welcher auch der deutschen Sprache vollkommen mächtig ist.

Wir glauben im Uebrigen auf die berühmten Darstellungen von Ad. Stahr, Rasch u. s. w. verweisen zu können; auch in Schellenberg's Beschreibung wird Mancher etwas Anziehendes finden. Wenn Schellenberg nur nicht in seiner Bewunderung alles Italienischen zu weit gegangen wäre!

Die Reise nach dem Comersee wird, wenn man aus Süddeutschland oder der Schweiz kommt am Besten und Billigsten über den Splügen gemacht. Die Post geht bis Colico, von wo das Dampfschiff weiter zu benutzen ist. Aus Norddeutschland reist man wohl zweckmässiger über den Brenner nach Mailand, von da nach Como und sodann mit dem Dampfboot (täglich 2 mal) nach Cadenabbia. Dass man auch die Mont Cenis-Bahn sowie die anderen Alpenpässe benutzen kann, versteht sich von selbst. Die Mont Cenis-Bahn fährt in einem Tage von Genf nach Turin; von dort ist die Route Mailand, Como — Cadenabbia ebenfalls in einem Tage zurückzulegen.

---

1) l. c. p. 248.

Temperaturverhältnisse.

Die Beobachtungen sind mit genau gearbeiteten Instrumenten an der Nordseite der Villa Carlotta ausgeführt. Sie beziehen sich auf den Zeitraum von 1858 bis 1865, also auf 8 Jahre.

Temperaturtabelle °C.

| Monat | Mittel | | | Ueberhaupt beobachtetes absolutes | |
	wirkl.	höchstes	niedrigst.	Max.	Min.
Jan.	2,5	4,5	0,4	18,7	— 6,3
Febr.	4,0	6,1	1,0	22,5	— 4,7
März	7,9	10,7	4,7	24,6	— 2,7
April	12,6	14,4	10,0	26,9	— 0,3
Mai	15,7	17,7	14,5	29,3	5,0
Juni	19,8	22,0	18,2	30,9	8,8
Juli	22,0	24,0	20,4	33,0	12,5
August	21,5	23,8	19,7	32,9	11,6
Sept.	18,0	20,1	16,8	30,3	10,0
Oct.	13,5	14,6	11,5	22,9	5,1
Nov.	7,9	9,6	5,7	20,8	— 3,4
Dec.	4,4	6,5	2,0	20,4	— 4,6
Jahr	12,5	13,2	11,4	33,0	— 6,3

Die niedrigste Temperatur, welche beobachtet wurde, war im Januar 1864 — 6,3° (—5,0° R.) wo man in Lugano — 9,8°, in Mailand — 12,3°, in Genf — 11,0°, in Dresden — 18,3° notirte.

Wie wir aus der Geschichte von Como von M. Monti wissen, war am Comersee im Winter 17^{88}/$_{89}$ die Kälte eine so aussergewöhnliche, dass eine grosse Anzahl Olivenbäume zu Grunde gingen. Aehnliches wird aus dem Januar des Jahres 1820 von Hyères erzählt, wo der Schnee 2 Fuss hoch lag und eine Kälte von — 10,25° C. herrschte. Die Jahre 1855, 1858 und 1864 schadeten am Comersee zwar der Vegetation in den Gärten; Felder und Oliven litten jedoch nicht.

Wie dies gleichfalls von anderen Orten angeführt wird, so dient auch hier der See als Moderator der Temperatur der Luft. Im Winter ist die Temperatur des See's höher, im Sommer niedriger.

Jahreszeit	See	Luft
Dec.	9,8	4,4
Jan.	7,5	2,5
Febr.	7,1	4,0
Winter	8,1	3,8

Jahreszeit	See	Luft
März	7,6	7,9
April	9,9	12,6
Mai	14,0	15,7
Frühling	10,5	12,2

Jahreszeit	See	Luft
Juni	18,9	19,8
Juli	21,8	22,0
August	22,2	21,5
Sommer	21,0	21,1

Jahreszeit	See	Luft
Sept.	20,1	18,0
Oct.	16,4	13,5
Nov.	12,5	7,9
Herbst	16,3	13,1

Natürlicherweise ist wegen der geringen Ausdehnung die Würmecapacität des See's nicht so bedeutend wie bei grösseren

Wasserbecken; desshalb ist denn auch schon im März die Seetemperatur 0,3⁰ geringer als die der Luft.

Ueber die täglichen Temperaturschwankungen gibt die
Dürer'sche Schrift leider keine Auskunft. Allein aus Schellenberg [1]) wissen wir, dass ausserordentliche Abweichungen
von der Norm höchst selten sind, bedeutende Sprünge, heftige
Rückfälle, masslose Extreme zu den ganz ungewöhnlichen Erscheinungen gehören.

Vom 8. April bis zum 12. Mai 1873 beobachtete ich
selbst bei einer mittleren Temperatur von 13,3⁰ tägliche
Schwankungen im Mittel von 5,0⁰ C., die beiden zu jener Zeit
beobachteten absoluten Extreme der Temperatur waren Max.
20,6⁰, Min. 6,3⁰.

Eine im Gebiet der Villa Carlotta befindliche Quelle hat
eine mittlere Temperatur von 12,6, schwankend von 11,8 bis
zu 13,5. Wie die Temperatur der Quellen mit der Luft über-
einstimmt, zeigen die Mittelwerthe für die anderen Quellen am
Comersee.

Acqua fredda	
(oberhalb Lenno)	10,3⁰
Regoledo	
(Kaltwasserheilanstalt)	10,1.
Kramer	
(Tremezzo)	13,4.

Vergleichen wir nun einmal die Temperaturangaben von
Cadenabbia mit anderen ähnlich situirten Orten: Lugano, Montreux, Meran, Arco, Venedig, wie wir das in der folgenden Tabelle versucht haben, so ergibt sich auf's Unzweideutigste, dass
nur in Arco im October, Februar, März und April eine höhere Temperatur vorkommt, diese im November, Dezember, Januar dagegen
in Cadenabbia höher ist [2]), im Vergleich zu allen anderen Plätzen

---

1) l. c. p. 230.

2) In Meran ist sie im April höher, in Venedig vom April bis Oct.

aber Cadenabbia durchaus obenansteht. Die Tafel 1 gibt die Temperaturen der einzelnen Monate, Tafel 2 die Temperatur für die verschiedenen Jahreszeiten, Tafel 3 die Wintertemperaturen. Tafel 2 und 3 sind aus 1 berechnet.

Tafel 1.
Vergleichende Temperaturtabelle
der
mittleren Temperaturen.

Monat	Cadenab-bia [1]	Lugano [2]	Montreux [3]	Meran [4]	Arco [5]	Venedig [6]
Januar	2,5	0,8	1,8	0,1	2,1	1,9
Febr.	4,0	3,5	4,1	3,0	4,4	3,7
März	7,9	6,7	4,8	7,5	8,1	7,2
April	12,6	12,0	10,5	12,9	13,4	12,7
Mai	15,7	15,4	—	—	—	17,1
Juni	19,8	20,6	—	—	—	21,6
Juli	22,0	22,1	—	—	—	23,7
August	21,5	21,3	—	—	—	23,2
Sept.	18,0	17,2	—	—	—	19,0
Oct.	13,5	12,8	10,8	12,6	14,0	14,7
Nov.	7,9	5,4	4,8	6,1	7,1	7,0
Dec.	4,4	2,7	2,2	2,2	4,1	3,9

1) Aus Osservazzioni meteorol. di B. Dürer. Milano 1867.

2) Berechnet aus den Mitteln für den Zeitraum 1856—60 und 1864—70 nach Ferri, osservaz. meteorol. fatte in Lugano; vd. meinen Bericht über Lugano.

3) Carrard in Meyer-Ahrens, die Heilquellen und Kurorte der Schweiz. 2. Aufl. 1869.

4) Reimer, klimat. Winterkurorte. Berlin 1869.

5) Berechnet aus den Angaben des Herrn Dr. Althammer für 1855—69 und Dr. Seidensticker 1869—70.

6) R. v. Vivenot, Palermo etc. Erlangen 1860.

Tafel 2.

Meteorol. Jahreszeiten	Cadenabbia	Lugano	Venedig
Winter	3,8	3,3	3,2
Frühling	12,2	11,3	12,4
Sommer	21,1	21,3	22,8
Herbst	13,1	11,8	13,6

Tafel 3.

Orte	Mittlere Temp. im Winter
Cadenabbia	3,8
Lugano	3,3
Montreux	2,7
Meran	1,7
Arco	3,5
Venedig	3,2

Endlich habe ich noch eine Tafel zusammengestellt, worin die einzelnen Monate der Winter $18^{63}/_{64}$, $^{64}/_{65}$, $^{65}/_{66}$ für Cadenabbia, Lugano, Montreux und Dresden speciell angeführt werden. Es scheint mir nicht nöthig zu sein, noch viel Worte darüber zu verlieren, auf welcher Stufe somit die Tremezzina steht.

Vergleichende Tabelle der Temperatur in den Wintermonaten 18⁶³/₆₄, 18⁶⁴/₆₅, 18⁶⁵/₆₆ in Cadenabbia, Lugano, Montreux und Dresden.

Jahreszeit.	Cadenabbia			Lugano			Montreux	Dresden		
	Mittel	absol. Max.	absol. Min.	Mittel	absol. Max.	absol. Min.	Mittel	Mittel	absol. Max.	absol. Min.
Dec. 1863	6,5	20,4	0,3	4,8	21,6	— 2,8	3,2	3,5	9,6	— 9,6
Jan. 1864	0,4	11,0	— 6,3	— 1,7	11,3	— 9,8	— 1,3	— 4,9	11,3	— 18,3
Febr. 1864	3,5	10,9	— 4,8	1,9	10,6	— 9,4	1,4	0,8	11,6	— 12,4
Dec. 1864	4,8	9,4	— 0,3	3,1	10,4	— 3,9	0,6	— 3,2	3,3	— 15,9
Jan. 1865	3,4	11,2	— 1,9	1,7	10,3	— 4,2	2,9	1,0	9,5	— 10,5
Febr. 1865	3,5	10,3	— 2,1	2,4	10,9	— 4,0	0,6	— 4,3	8,4	— 23,5
Dec. 1865	4,7	12,0	— 1,2	2,9	13,4	— 4,2	1,3	1,6	8,0	— 6,5
Jan. 1866	4,4	12,5	± 0	2,8	13,0	— 3,0	4,4	4,7	12,1	— 3,0
Febr. 1866	6,8	14,4	— 1,0	5,6	14,6	— 2,0	5,9	5,0	15,5	— 6,3
Winter 18⁶³/₆₄	3,5	20,4	— 6,3	1,6	21,6	— 9,8	1,1	— 0,2	11,6	— 18,3
— 18⁶⁴/₆₅	3,9	11,2	— 2,1	2,4	10,9	— 4,2	1,4	— 2,1	9,5	— 23,5
— 18⁶⁵/₆₆	5,3	14,4	— 1,2	3,8	14,6	— 4,2	3,8	3,8	15,5	— 6,5
1863—66	4,2	20,4	— 6,3	2,6	21,6	— 9,8	2,1	0,4	15,5	— 23,5

Barometerstand.

Der mittlere Stand desselben auf 0^0 reducirt bei einer Höhe des Beobachtungsortes von 223 M. über dem Niveau des Adriatischen Meeres ist 742,0 MM., das höchste jährliche Mittel betrug 743,0 Mm., das niedrigste 740,3 Mm.; der höchste absolute Stand war 762,4 Mm., der niedrigste 715,7 Mm. Die jährliche Schwankung ist 37,9 Mm. im Durchschnitt, eine positive von 15,96 Mm., eine negative von 21,94.

Die grösste absolute monatliche Excursion fällt in den Januar, die kleinste in den Juni und Juli.

Tägliche Oscillationen beobachtet man nur geringe, im Sommer etwa 1 Mm., im Winter 0,7 Mm.

Ueber den Gang der Quecksilbersäule innerhalb eines Tages ist zu bemerken, dass das erste Max. zwischen 9 und 10 Uhr Morgens (im Mai, Juni und Juli früher) fällt; das Barometer sinkt, bis um 3—6 Uhr Nachmittag das zweite Min. erreicht ist. Zwischen 10 und 12 Uhr Nachts ist das zweite Max. erreicht, um von da ab fallend zwischen 3 und 5 Uhr Morgens das erste Min. zu zeigen.

Abweichungen von diesem gewöhnlichen Gange sind nicht unwichtig, so deutet z. B. ein Sinken der Quecksilbersäule zwischen 5 und 9 Uhr Morgens auf höchst wahrscheinliches Eintreten von Wind oder Regen.

Im Folgenden führe ich meine eigenen Beobachtungen für den kurzen Zeitraum vom 8. April — 12. Mai 1873 an; die Angaben für Rom (aus derselben Zeit) sind zum Vergleiche daneben gestellt, woraus man erkennen wird, dass in Cadenabbia die Schwankungen ausserordentlich geringe sind.

8. Apr. — 12. Mai	Barometer- stand im Mittel	tägliche Oscillationen		
		Max.	Min.	Mittel
Cadenabbia	742,0 Mm.	8,8	0,5	2,7
Rom	755,0	9,6	0,3	3,2

Feuchtigkeitsverhältnisse.

Dass man es mit einer trockneren Luft in Cadenabbia zu
thun hat, als man aus der Nähe eines so grossen Wasserbeckens
schliessen könnte, darauf deutet die sehr geringe Thaubildung
hin, welche nur auf der Höhe beträchtlich ist, das rasche
Trocknen feuchter Gegenstände, die Sprödigkeit endlich, welche
die Haut zeigt. Leider ist in dem Werke von Dürer nur von
dem einen Jahre 1858 die relative Feuchtigkeit berechnet.
Diese war folgende:

Jan.	71,6 %	Juli	73,2
Febr.	72,7	August	70,0
März	61,7	Sept.	78,0
April	70,3	Oct.	77,6
Mai	67,5	Nov.	74,4
Juni	64,6	Dez.	74,1.
	Im Winter	72,7	
	» Frühling	66,5	
	» Sommer	69,3	
	» Herbst	76,6.	

Demnach wäre die Luft im Herbst eine mässig feuchte, im
Winter schon weniger feucht, im Frühling und Sommer eine
mässig trockne zu nennen. Wir halten dies für wichtig genug,
um es besonders hervorzuheben, indem bis jetzt die italienischen
Seen als Orte mit feuchter Luft bezeichnet zu werden pflegen.
Den niedrigsten Stand der relativen Feuchtigkeit der Luft beobachtete man am 6. März 1859, nämlich 12% bei einer psychrometrischen Differenz von 10,9°. Immer sind es starke Windtage, welche diese Trockenheit der Luft bedingen; sie sind begleitet von einem Steigen des Barometers und der Temperatur,
welchem ein beträchtliches Sinken der Quecksilbersäule voraus-
gegangen ist. Es herrschen dann Nord-, (Nordost- und Nord-
west-)Winde. Man hat Gelegenheit, an solchen meist ganz
heiteren Tagen negative Schwankungen der relativen Feuchtig-

keit von $70^0/_0$ zu bemerken, welche gewiss nicht gleichgültig für nervöse Personen sein werden, zumal aber auch für Solche, die an entzündlichen Reizungen der Athmungsorgane leiden.

Nach meinen eigenen nur zu kurzen Beobachtungen verhielt sich die relative Luftfeuchtigkeit in dieser Weise:

(vom 8. Apr.—12. Mai) 1873.	Mittel	absol.	
		Max.	Min.
	$64,5^0/_0$	$97^0/_0$	$31^0/_0$

tägliche Schwankungen

Mittel	höchste abs. Schw.	kleinste abs. Schw.
$21,6^0/_0$	$53^0/_0$	1^0_0

Die Schwankung der mittleren relativen Feuchtigkeit von einem Tag zum anderen betrug im Durchschnitt $10,1^0/_0$, in Rom dagegen $11,3^0/_0$. Jedenfalls ist es sicher, dass grosse Schwankungen nur negative sind, während positive niemals in gleicher Höhe an einem Tage zur Beobachtung kommen.

Vom Dunstdruck findet sich bei Dürer nur die Werthe für 1858:

Jan.	3,36 Mm.	Juli	13,28 Mm.
Febr.	3,49 »	August	12,24 »
März	4,58 »	Sept.	12,31 »
April	7,66 »	Oct.	9,83 »
Mai	8,07 »	Nov.	5,18 »
Juni	12,56 »	Dec.	4,62 »

Ich selbst fand in der angegebenen Zeit:

Dunstdruck

im Mittel	absolutes	
	Max.	Min.
7,45 Mm.	11,16	2,96

tägliche Oscillationen:

1,27	5,30	0,09

Hoffentlich wird Herr Dürer nächstens diese etwas spär-
lichen Angaben vervollständigen.

Nebel sind im ganzen Gebiet der Tremezzina sozusagen
unbekannt.

Der Comersee liegt in der Zone der subtropischen Regen,
dessen grösste Menge im Herbste fällt; man bemerkt ein Ansteigen derselben vom Winter bis zum Herbst; im Winter ist
sie am geringsten. Die Regenmenge [1]) beträgt (1858—1871)
im Mittel

Dec.	70,54 Mm.	März	103,70 Mm.
Jan.	80,26 »	April	96,01 »
Febr.	38,74 »	Mai	178,69 »
Juni	173,43 »	Sept.	186,59 »
Juli	127,76 »	Oct.	176,02 »
Aug.	149,42 »	Nov.	146,41 »

im Jahr 1527,54 MM.

In dem ausnehmend regenreichen Jahr 1872 fielen gar
3028,06 Mm., so dass die jährliche Regenmenge im Mittel also
1627,61 Mm. beträgt.

In Bezug auf diesen Punkt besteht eine überraschende
Uebereinstimmung mit Lugano. —

Die Anzahl der Regen- und Schneetage ersieht man
aus folgender Tabelle.

---

1) Cf. Dürer, Notizie idrometriche e pluviometriche. Como
Gennajo 1873.

1858—65	Tage	
	Regen	Schnee
Dec.	5,4	1,3
Jan.	5,3	2,3
Febr.	4,7	2,2
März	9,1	1,3
April	11,3	—.
Mai	15,1	—
Juni	14,5	—
Juli	9,1	—
August	10,9	—
Sept.	11,6	—
Oct.	13,0	—
Nov.	11,8	0,4

Auf den Winter fallen sehr wenig Tage mit Niederschlägen, wie nachstehende Tabelle beweist, wobei wir Orte wie Pisa, Palermo aus dem Spiele lassen, weil diese selbstverständlich grössere Zahlen aufweisen würden.

Regentage im Winter				
Orte	Dec.	Jan.	Febr.	Summe
Cadenabbia	5,4	5,3	4,7	15,4
Lugano [1])	6	4	4	14,0
Meran [2])	3,4	5,5	2,3	11,2
Arco [3])	5,9	5,5	4,6	16,0
Mentone [4])	5,9	7,9	5,5	19,3
Nizza [5])	5,0	6	5	16,0
Cannes [6])	7	6	5	18

Nur von Lugano und Meran sind also eine kleinere Anzahl Regentage verzeichnet.

Heitere Tage kommen in Cadenabbia auf die einzelnen Monate:

1—6) nach Reimer.

Mittel von 1858/65

Dec.	18,6	März	16,8
Jan.	18,8	April	16,9
Febr.	15,6	Mai	15,6
Juni	16,5	Sept.	17,0
Juli	20,9	Oct.	13,9
August	19,7	Nov.	12,2,

auf die einzelnen Jahreszeiten

Winter	53,0
Frühling	49,1
Sommer	58,1
Herbst	43,1
Jahr	202,3.

Heitere Tage

Orte	Dez.	Jan.	Febr.	Winter
Cadenabbia	18,6	18,8	15,6	53,0
Meran	16,0	15	13	44
Mentone	19,5	17,3	16,3	53,1
Nizza	19,5	17,0	16,5	53
Lugano (1865—69)	—	—	—	41,8

Windverhältnisse.

Tage mit Sturm kommen in Cadenabbia vor im
(1858—65)

Dez.	—	März	0,4
Jan.	—	April	2,0
Febr.	—	Mai	5,5
Juni	6,9	Sept.	3,5
Juli	7,0	Oct.	1,6
August	6,2	Nov.	0,1

Diese Zahlen sind so günstig, dass sie für sich selbst sprechen. An ruhigen Tagen, zumal im Sommer und Herbst wechseln zwei Luftströmungen, ähnlich dem Land- und See-

wind an der Meeresküste, die Breva (Süd) und der Tivano
(Nord). Gleiches Alterniren beobachtet man auch am Lago
Maggiore und Lago di Lugano. Sie sind von um so grösserer
Stärke, je bedeutender die Temperaturdifferenzen auf den Nord-
bergen und am See sind, denn sie resultiren aus dem Bestreben der warmen Luft sich zu erheben, der kalten herbeizu-
strömen. Die Breva weht am Tage, wenn die Luft in der
tiefergelegenen Gegend sich verhältnissmässig weniger erwärmt
als auf den Bergen. In der Nacht bis zum Morgen dominirt
der Tivano, weil auf der Höhe eine rapidere Abkühlung Statt
hat. Im Winter unterliegt der regelmässige Wechsel mancher
Ausnahme; er bleibt ganz aus, wenn Scirocco länger herrscht.
Während der Breva die Como (Südwest) den Windungen des
Sees folgend durch die Punta di Lavedo eine Ablenkung erfährt
und kaum einmal unangenehm fühlbar ist, ist die Breva di
Lecco (Südost) ein kalter, schneidend scharfer Wind, welcher
glücklicherweise nur sehr selten ist und dann auch nur wenige
Stunden weht. Schellenberg theilt mit [1]), dass er dieselbe
nur zweimal im ganzen Winter am 16. und 23. März (meteor.
Frühling) bemerkt habe. — Oft kann man auf dem Como-
Arm die Barken mit Südwest segeln sehen, während auf dem
oberen Theil der Nord dominirt.

Dürer stellt nach seinen langjährigen Erfahrungen folgende Häufigkeitsscale der Winde auf:

Nord-West
Nord
Süd
Süd-West
West
Süd-Ost
Nord-Ost
Ost.

1) l. c. p. 247.

Vom Scirocco sagt Schellenberg [1]), dass derselbe nur im Frühling die bekannte erschlaffende Wirkung ausübe, im Winter jedoch die Temperatur auf angenehmer Höhe erhalte, die Schärfe der Gebirgsluft abstumpfe und einen Theil deren Kraft und Frische in sich aufnehme. Eigentliche Regenwinde sind Süd und West, aus letzterer kommen im Sommer die am meisten gefürchteten Stürme. Oefters regnet es übrigens auch bei Nord; im Herbst kommt der Regen dorther, allein in höheren Regionen dominirt dennoch der Süd.

Man kann auf schönes Wetter zählen, wenn, mag die Richtung vom Anemometer angegeben werden, wie man nur will, der Wolkenzug von Norden her kommt. Winde, welche durch einen Schneefall auf den Alpen oder dem Apennin herrühren, dauern zuweilen 2 bis 3 Tage; gefährlich für die Schifffahrt sind sie nicht.

————————

Das Klima Cadenabbias, nächst der Riviera di Gargnano am Lago di Garda der wärmste Punkt Norditaliens, ist charakterisirt durch eine gleichmässige Temperatur, welche besonders im Winter sich vor den anderen hier in Frage kommenden Orten durch ihre Höhe auszeichnet; durch eine, zumal im Frühjahr mässig trockne, im Winter höchstens auf dem Uebergang zu mässig feuchter, im Herbst mässig feuchte Luft; durch eine im Winter geringe Anzahl von Regentagen, durch viele heitere Tage; durch Windstille, besonders im Winter; durch Reinheit der Luft, Mangel an Staub und höchst seltenes Eintreten von Nebel. »Vorausgesetzt, dass das genügsame Behagen an der Natur und einfachen Menschen nicht für ein überflüssiges oder lästiges Moment einer klimatischen Kur erachtet wird«, was indessen bei Manchen dennoch der Fall sein wird, da freilich für eine Anzahl Kranker der Man-

————————

1) l. c. p. 249.

gel an ausreichender Unterhaltung und städtischen Annehmlichkeiten als eine Contraindication anzusehen ist, so eignet
sich das beschriebene Klima für lymphatische, torpide Consti-
tutionen, beim Verzögern der Reconvalescenz nach acuten
Krankheiten, bei hereditärer Anlage und Verdacht auf Tuber-
culose, bei Solchen, wo eine Beschränkung profuser Secretion,
namentlich von Seiten der Respirationsorgane, angebracht ist,
bei einfachem Catarrh, wie bei chronischer Lungenschwindsucht, Bronchiectasieen u. dgl, bei torpider Scrophulose, bei
chronischen Rheumatismen ohne vorwiegende Affection des
Nervensystems und Neuralgien, bei chronischem Morbus Brigh-
tii. Alle aber, welche an Reizzuständen der Laryngeal - und
Bronchialschleimhaut, Neigung zu Entzündung und zu Hämoptoe leiden, alle leicht erregbaren Personen dürften höchstens
im Herbste in Cadenabbia verweilen. — Im Frühjahr ist ein
Aufenthalt in Cadenabbia sicherlich als eine treffliche Fortsetzung der Winterkuren der südlicheren trockneren Stationen
anzusehen.

So hoffen wir denn den Comersee, speciell Cadenabbia, in
sein wohlverdientes Recht eingesetzt zu haben. Viele werden
es uns später Dank wissen. —

II. Lugano.

Lugano, unvergleichlich schön am kleinen See gleichen
Namens gelegen, ist in den letzten Jahren immer mehr auch
im Winter als klimatischer Kurort in Aufnahme gekommen.
In der That verdient es in dieser Hinsicht alle Beachtung sowohl wegen der prachtvollen und zugleich geschützten Lage,
als auch wegen der günstigen social-ökonomischen und namentlich
klimatischen Verhältnisse. Eine Beschreibung der Lage, Umgebung und Vegetation finden wir in den Mittheilungen von
H. Zschokke bis auf A. Béha in reichem Maasse; Reimer
hat das Klima mit Rücksicht auf die klimatotherapeutische
Verwerthung einer kurzen Betrachtung unterzogen. Nur zu
letzterer haben wir theils Berichtigungen, theils Ergänzungen
zu bringen, um eine rationelle und begründete Auswahl zu
erleichtern.

Den Temperaturangaben, welche Reimer nach den
Beobachtungen von Ferri für den Zeitraum 1864—1870 wie-
dergibt, möchten wir diejenigen aus den Jahren 1856—1860
hinzufügen; aus beiden sind dann richtigere Mittelzahlen zu
ziehen.

Winter	1856/60	1864/70	eigentliches Mittel
Dec.	1,5	3,9	2,7
Jan.	0,3	1,3	0,8
Febr.	2,4	4,6	3,5

Frühling	1856/60	1864/70	eigentliches Mittel
März	6,9	6,6	6,7
April	11,5	12,5	12,0
Mai	15,4	—	15,4

Thomas, Klimatologie etc.

Sommer	1856 - 60
Juni	20,6
Juli	22,1
August	21,3

Herbst	1856/60	1864/70	eigentliches Mittel
Sept.	17,2	—	17,2
Oct.	13,8	11,8	12,8
Nov.	4,8	6,1	5,4

Für die einzelnen Jahreszeiten ergibt sich im Mittel

Winter $3,3^0$
Frühling 11,3
Sommer 21,3
Herbst 11,8

Während Reimer das Saisonmittel 6,8 berechnet hat, beträgt dasselbe jetzt 6,3. Dadurch ändert sich denn auch etwas die Gegenüberstellung mit

Montreux für die Saison 5,6
Meran » » » 6,3

und bleibt zu Gunsten Luganos nur $0,7^0$ im Vergleich zu Montreux.

Wir haben an anderer Stelle schon ausgesprochen, dass die Aufstellung von Saisonmitteln nicht zu billigen ist. Eine viel richtigere Anschauung gewinnt man beim Zusammenfassen der meteorologischen Jahreszeiten. Aus unserem Berichte über Cadenabbia wiederholen wir Folgendes:

Winter	Lugano	Montreux	Meran
Dez.	2,7	2,2	2,2
Jan.	0,8	1,8	0,1
Febr.	3,5	4,1	3,0

Montreux hat im Januar und Februar eine höhere, Meran im ganzen Winter eine tiefere Temperatur wie Lugano.

Frühling	Lugano	Montreux	Meran
März	6,7	4,8	7,5
April	12,0	10,5	12,9
Mai	15,4	—	—

Im Frühling hat Montreux eine niedrigere, Meran eine höhere Temperatur als Lugano.

Herbst	Lugano	Montreux	Meran
Sept.	17,2	—	—
Oct.	12,8	10,8	12,6
Nov.	5,4	4,8	6,1

Montreux's Temperatur ist im October und November niedriger, die von Meran im October 0,2 niedriger, im November 0,7 höher als die von Lugano. Zu keiner Zeit sind die Unterschiede sehr bedeutende.

Die täglichen Schwankungen der Temperatur sind nach den zu Gebote stehenden ausführlicheren Berichten für 1865 und 1866 im Mittel folgende:

	Dez.	7,2		
	Jan.	6,4		
	Febr.	8,7		
März	8,4		Sept.	11,1
April	11,2		Oct.	8,1
Mai	10,1		Nov.	9,3

Aus den Jahren 1865 — 1869 berechnet man für die einzelnen Jahreszeiten tägliche Temperaturschwankungen im Mittel

im Winter	8,5^0
im Frühling	11,8
im Herbst	10,6

5 *

Diese Schwankungen sind nicht unerheblich, wie man aus einem Vergleiche z. B. mit Pisa und Palermo ersehen kann.

Winter	Lugano	Pisa [1]	Palermo [2]
Dez.	7,2	4,4	5,0
Jan.	6,4	5,2	5,2
Febr.	8,7	6,8	6,1

Frühling	Lugano	Pisa	Palermo
März	8,4	6,7	6,9
April	11,2	—	7,3
Mai	10,1	—	8,0

Herbst	Lugano	Pisa	Palermo
Sept.	11,1	—	7,4
Oct.	9,1	—	6,9
Nov.	9,3	5,6	5,9

Die Zusammenstellung der See- und Lufttemperatur um 1 Uhr in Reimer's Bericht ist ohne Werth. Eine so gewaltige Wassermasse wie ein See erwärmt sich ja nicht in gleicher Weise wie die Luft. Während die Lufttemperatur um 1 Uhr oft viel höher als das Tagesmittel ist, hat sich die Seetemperatur kaum von ihrem Tagesmittel entfernt. Auch für Montreux würden sich andere Zahlen ergeben, wenn Reimer dort in ähnlicher Weise verfahren wäre, wie bei Lugano.

Meyer-Ahrens meint, die Nordwinde seien in Lugano unbekannt. Während meines dreimonatlichen Aufenthalts tobte

---

1) Bröking, Pisa und sein Klima. Berl. klin. Wochenschrift Nr. 46 seq. 1872.

2) R. v. Vivenot, Palermo etc. Erlangen 1860.

bei sonst ganz heiterem Wetter einmal drei Tage lang ein
Wind, den alle für Nordwind hielten, in solcher Stärke, dass
es für Leidende geradezu unmöglich war, die allerdings angenehm geschützte Südseite des Hôtel du Parc zu verlassen.
Leute, welche in Mentone gewesen, verglichen diesen Wind
mit dem heftigsten Mistral, den sie je dort erlebt. Dennoch
müssen wir bekennen, dass zumal im Winter heftige Wind-
strömungen zu den Seltenheiten gehören.

Windtage kommen (berechnet aus den Jahren 1865 —
1869) auf den

> Winter   9,8
> Frühling 22,6
> Herbst   12,8,

auf die einzelnen Monate fallen (berechnet für 1865, 1866 und
1870) auf den

> Dec. 1,6   März   8,6
> Jan. 2,3   April 9,6
> Febr. 4,3   Mai   9,5
> Sept. 3
> Oct. 3,6
> Nov. 3,6.   –

Der mittlere Barometerstand (Höhe der meteorologischen Station 275,5 Mm.) ist 737,08 Mm.; (1865 — 69) be-
trugen die täglichen Oscillationen im Durchschnitt im

> Winter   3,79 Mm.
> Frühling 2,87
> Herbst   2,88

Die grösste in jenem Zeitraum beobachtete Schwankung war
18,1 Mm. im Frühling 1869.

Ueber die relative Feuchtigkeit der Luft, welche
wir doch als einen sehr wichtigen klimatischen Factor kennen
gelernt haben, sind auch für Lugano nur dürftige Angaben vorhanden. Wir wollen dieselben einigermassen vervollständigen.

Für 1865 und 1866 berechnen wir folgende Mittelwerthe:

Dez.	81,8 %	März	64,0 %
Jan.	79,2	April	66,9
Febr.	70,5	Mai	75,8
	Sept.	76,6 %	
	Oct.	81,7	
	Nov.	76,0.	

Da Reimer die Zahlen für den Winter 1870 anführt, so ergibt sich:

Jahre	Dec.	Jan.	Febr.
1865	83,0	76,4	62,3
1866	80,7	82,0	78,7
1870	82,3	72,5	77,5
Mittel	82,0	76,9	72,8

Für die einzelnen Jahreszeiten steht ein etwas grösserer Zeitraum zu Verfügung und betrug (1865 — 69) die relative Feuchtigkeit im

Winter	77,7 %
Frühling	71,0
Herbst	78,7.

Die Luft ist demnach im Allgemeinen eine mässig feuchte zu nennen, wenn auch im Frühling dieselbe mit Rücksicht auf den niedrigeren Barometerstand wohl eher eine mässig trockne sein dürfte; jedenfalls ist es der Uebergang von mässiger Trockenheit zu mässiger Feuchte. Hiermit wird denn auch der Irrthum Rohden's [1] berichtigt sein, demzufolge die Luftfeuchtigkeit in Lugano eine geringe sein soll.

---

1) Braun, system. Lehrb. der Balneotherapie. 3. Aufl. 1873.

Die täglichen Oscillationen sind (1865—69) im

Winter   24,0 %

Frühling   24,2

Herbst   26,3.

In den Jahren 1865 und 1866 kamen auf die einzelnen Monate

Dec.	17,2 %	März	24,5 %
Jan.	27,4	April	28,4
Febr.	30,0	Mai	24,2
		Sept.	31,0 %
		Oct.	27,5
		Nov.	26,8.

Wie man sieht, sind dieselben nicht klein.

Regentage zählt man in Lugano nicht viele, und zwar (1865—69) im

Winter   14,0

Frühling   23,2

Herbst   20,8.

Von 1856—60 sollen im

Winter   6,8

Frühling   14,8

Herbst   12,9

gewesen sein; es scheint etwas auffallend wenig.

Heitere Tage fallen auf den

	1865—69	1856—60
Winter	41,8	53,9
Frühling	36,4	47,3
Herbst	43,8	47,5.

Was noch Lugano fehlt, ist ein deutscher Arzt und eine besser eingerichtete Apotheke.

Ich glaube, beides wird nicht ausbleiben. Lugano wird, wie man dort geäussert haben soll, auch ohne deutschen Arzt aufblühen, allein wenn auch die Anwesenheit eines deutschen Collegen den dortigen Aerzten nicht gerade zum Vortheil gereicht, so wird dieses den Leidenden, welche in Lugano eine klimatische Kur geniessen wollen, mindestens nicht zum Nachtheil ausfallen. — Besonders zu empfehlen ist das Hôtel du Parc; der Pensionspreis ist indess in den für Kranke allein möglichen Südzimmern gewiss nicht unter $7^{1}/_{2}$ bis 8 fcs. in Gold. Die Front der jetzt zum Hôtel umgeschaffenen Villa Vasalli mit dem prächtigen Garten steht nicht ganz nach Süden. — Die Indicationen für Lugano sind wohl dieselben wie für Montreux; auch in Lugano ist zwar die Luft eine mässig feuchte, hat aber ebenfalls den Charakter der Bergluft.

Als Uebergangsstation dient Lugano im Herbst wie im Frühling für die südlicheren Orte, Nervi, Pisa, Rom, Spezia, Palermo und andere ähnliche, d. h. also für die feuchteren.

III. SPEZIA.

„*Lunai portum est operae cognoscere cives.*"
Ennuis bei Pers. Sat. VI, 9.

La Spozia (nicht Spezzia), im nordwestlichen Winkel am Golf gleichen Namens, unter dem 44⁰6′ nördlicher Breite und 27⁰30′ östlicher Länge in wahrhaft bezaubernder Lage an der italienischen Riviera di Levante, ist eine kleine, früher befestigte Stadt von 12000 Einwohnern (24127 mit der Gemeinde) welche, seitdem die Italienische Regierung das erste Departement der Marine von Genua dorthin verlegt und mit dem Bau colossaler, jetzt zum Theil vollendeter Marineetablissements begonnen hat, zusehends sich vergrössert und aufblüht. Der als grösster Hafen der Welt bekannte Golf hat von der Insel Tino bis nach Telaro eine Breite von 7100 Meter, eine Länge von 9000 Meter, fast überall eine bedeutende Tiefe, doch ist der weiche Strandboden flach.

Eine reizende, liebliche Idylle ist dieser herrliche nach Süd-Südosten sich gegen das Meer hin öffnende Busen von theils durch Oliven und Wein beschatteten, theils bewaldeten Bergen umgeben. Mit Vorliebe nennt der Italiener dieses prächtige Stück Erde prodigio della natura und erzählt mit Stolz, dass der Golf von la Spezia schon als Muster zu Virgil's Schilderung des Lybischen Hafens gedient habe.

Die Stelle ist Aeneid. I, 159 sq.:

„Est in secessu longo locus insula portum
Efficit objecta laterum, quibus omnis ab alto
Frangitur inque sinus scindit sese unda redactos
Hinc atque hinc vastae rupes geminique minantur
In coelum scopuli, quorum sub vertice late
Aequora tuta silent."

Andere wollen die Stelle Aeneid. III, 533 seq. auf Spezia beziehen.

Bewegt man sich hier auf dem Gebiete der Conjectur, so sind doch in den alten Schriftstellern genug Andeutungen vorhanden, dass man den portus Lunae, so hiess ja der Hafen nach der etruskischen Stadt Luna am Ausfluss der Magra, recht wohl gekannt hat.

Mommsen [1]) sagt: »Die 577 (177) auf dem ehemals apuanischen Gebiet angelegte Festung Luna, unweit Spezia, deckte die Grenze gegen die Ligurier ähnlich wie Aquileja gegen die Transalpiner und gab zugleich den Römern einen vortrefflichen Hafen, der seitdem für die Ueberfahrt nach Massilia und nach Spanien die gewöhnliche Station ward.«

In der Weise wird der Hafen auch im Livius lib. 34,8 und 39,21 erwähnt. Das muss Herrn Prof. Schellenberg wohl unbekannt gewesen sein, wenn er meint [2]), »es stehe fest, dass die römische Regierung weder zur Zeit der Republik noch unter den Kaisern aus der glücklichen Lage des Golfs Nutzen gezogen habe.«

Silius Italicus [3]) singt von Luna:

„Insignis portu, quo non spatiosior alter
Inmemeras cepisse rates et claudere portum.“

Der Geograph Strabo [4]) theilt uns mit: »Urbs quidem (Luna) haud sane magna, sed maximus vere et pulcherrimus portus est, multos inter se portus amplectens magnae profunditatis universos, usque adeo ut omnium, qui maris teneant imperium facile fieret receptaculum, tam late patentis pelagi multos per annos. Celsis vere montibus portus ipse praeclu-

---

1) Römische Geschichte IV. Aufl. I, p. 677.
2) Im Golf von la Spezia etc.
3) De bello Punico VIII, 482 seq.
4) lib. V, 2 N. 5. cf. lib. VI, 281 B.

ditur, qui prospectum longe pelagi praebent.« Auch Pli-
nius[1]) nennt Luna »portu nobile«; andere Citate wie Dionys.
Halicarnass. I, 5 und Cluver. Anthol. Ital. p. 1240 dürfen wir
wohl übergehen.

Am meisten bekannt aber ist die Stelle aus A. Persius[2]),
welche wir, da sie auch vom Klima Günstiges aussagt, vollständig anführen müssen.

„Mihi nunc Ligus ora
Intepet hibernatque meum mare, qua latus ingens
Dant scopuli et multa litus se valle receptat.
»Lunai portum est operae cognoscere cives«
Cor jubet hoc Enni postquam destertuit esse
Maconides Quintus pavone ex Pythagoraeo.
Hic ego securus vulgi et quid praeparet Auster
Infelix pecori securus est angulus ille
Vicini nostro quia pinguior."

Aber es ist nicht nur Persius (34—61 p. Chr.), welcher
den Golf verherrlicht, sondern er citirt ja den Vers aus Ennius
(geb. 239 a. Chr.); der Ruf des Hafens ist also ein sehr alter.

Von neueren Autoren sagt z. B. Baron de Zach: »Le
golfe et les ports de la Spezia, les plus beaux, les plus grands,
les plus sûrs de toute la mediterranée et on pourrait dire sans
risquer un dementi de toute l'Èurope, ont toujours fixé l'at-
tention des grandes puissances maritimes." — Hier war es,
wo Shelley Trost suchte und auch fand, — in der Poesie
und Natur, wo er mit seiner zweiten Gemahlin einen kurzen
Schimmer von Glück erlebte, bis er in offenem Boote von Livorno nach Lerici segelnd von einem plötzlichen Sturm über-
fallen im Juli 1822 ertrank. Er wohnte in der Casa Magni
am Meere dicht bei dem Dörfe S. Terenzo, gegenüber von
Lerici, an einer der schönsten Buchten des Golfes, nicht aber

---

1) Hist. natur. III, 8, 1.
2) Sat. VI, 6 seq.

wie Schellenberg aus einem Missverständniss seiner italienischen Quelle behauptet, in der Villa Olandini. Es muss
wohl schön dort sein, wenn der berümte Dichter an einen
Freund schreibt: »I still inhabit this divine bay, reading Spa-
nish dramas and sailing and listening to the most enchanting
music. We have some friends on a visit to us, and my only
regret is, that the summer must ever pass, or that Mary has
not the same predilection for this place that I have, which
would induce me never to shift my quarters.« In den
Noten zu den nachgelassenen Gedichten schreibt eben seine Gemahlin (Marie Godwin): „The bay of Spezia is of considerable
extent, and divided by a rocky promontory into a larger and
smaller one. Our house, casa. Magni, was close to the village of
Lerici; the sea came up to the door, a steep hill shettered it
behind, — some fine walnut and ilex trees intermingled their
dark massy foliage, and formed groups which still haunt my
memory, as they then satiated the eye, with a sense of love-
liness. The scene was indeed of unimaginable beauty; the
blue extent of waters, the almost land-locked bay, the war
castle of Lerici, shutting it in to the east, and distant Porto
Venere to the west; the various forms of the precipitous rocks
that bounch in the beach, overwhich there was only a win-
ding rugged foot-path, and none on the other side; the tide-
less sea leaving no sands or shingle — formed a picture such
as one sees in Salvator Rosa's landscapes only; sometimes the
sunshine vanished when the scirocco reigned — the ponente,
the wind was caleed on that shore.

The gales and squalls that hailed our first arrival, sur-
rounded the bay with foam; the howling wind swept round
our exposed house, and sea roared unremittingly, so that we
almost fancied ourselves on board ship. At other times sunshine and calm invested sea and sky, and the rich tints of

Italian heaven bathed the scene in bright and ever-varying tints.«

Auch daraus, dass Klöster in so reicher Anzahl am Golf gestanden haben, wird man auf die Schönheit der Natur zu schliessen wohl berechtigt sein. Es waren 15, welche theils zerfallen sind, theils anderweitig verwendet werden:

1) Celle di Romite auf Tinetto.
2) Cenobiti — dann Benedettini, dann Olivetani auf Tino.
3) Cenobiti auf Palmaria.
4) Francescani riformati zu Porto Venere.
5) Olivetani zu Grazie, jetzt Pfarrei und Privathaus.
6) Francescani riformati, im Gebiete des Arsenals zu Spezia.
7) Paolotti, jetzt Ospedale S. Andrea zu Spezia.
8) Agostiniani zu Spezia, jetzt Caserne.
9) Monache zu Spezia, jetzt scuole publiche.
10) Capuccini zu Spezia, jetzt Caserne.
11) Cenobiti zu Campitello bei S. Venerio.
12) Capuccini zu Lerici.
13) Agostiniani zu Maralunga.
14) Monache in Mezano, oberhalb Telaro.
15) Agostiniani am Cap Corvo.

Und nicht nur unvergleichlich schön, auch sehr geschützt liegt der Golf, in welchem man im Winter meist, im Sommer und Herbst vor dem Eintritt der Seebrise, fast gar keinen Wellenschlag bemerkt. Man glaubt viel eher einen Süsswasser-See vor sich zu haben als das Meer, wenn man diese ruhige, glatte Fläche sieht. Es ist sehr richtig, was Falconi im Eingang seines Gedichtes sagt:

„Non furo questi lidi
Unqua fatali; e i venti
Qui mai non giunser con funesto volo.“

Von der Bergreihe, die sich von Nordwesten nach Nordosten hinzieht, zweigen sich verschiedene Höhenzüge ab, von welchen der erste beinahe bis an das Meer seinen Fuss vorstreckt, so dass der Landstrasse kaum noch Platz übrig bleibt. Auf solche Weise sind zwei grössere Thäler (mit mannichfachen Unterabtheilungen) gebildet, das kleinere Thal von Spezia, das weitere von Miliarina. Der beide trennende Hügel vom alten Castello gekrönt, verleiht Spezia nochmals besonderen Schutz gegen Norden und hat auch noch anderen Vortheil für Spezia gebracht, wovon weiter unten die Rede sein wird.

An der äussersten Spitze dieser Rocca dei Capuccini steht das jetzt als Caserne dienende Capucinerkloster, in Mitten von hängenden Gärten und Hainen, von Wein, Oliven, Cypressen und Steinreihen beschattet, während den Gartensaum gewaltige, üppig wuchernde Aloes einfassen.

Ist schon von diesem Punkt die Aussicht auf Meer und Umgebung eine prachtvolle, so bekommt man erst einen ganzen und richtigen Begriff von der Grossartigkeit der Landschaft und zugleich der geschützten Lage, wenn man den Gipfel des Monte Castellana (510 Meter) zu seinem Standpunkt wählt. Dort sollte auf Befehl Napoleon I., welcher bekanntlich die Absicht hatte, den Golf von Spezia zum Hauptkriegshafen des Mittelmeeres zu machen, ein Fort erbaut werden; von 1811— 1814 wurde daran gearbeitet, ohne dass dieser gewaltige Bau vollendet worden wäre. Nach der einen Seite bildet die Grenze des imposanten Panorama's der dreifache Kranz des violett gefärbten, scharf gegen den blauen Himmel sich abhebenden Azennin mit den weissen Bergen der Lunigiana, der reizenden Gruppe der Apuanischen Alpen (Carara), den Monti Pisani und den Bergen von Livorno; vor diesen Höhen liegt der glänzende Saum der Toskanischen Küste, zu den Füssen des Beschauenden ruht der Golf wie ein reizendes Medaillon, eingerahmt von grünen Hügeln, mit den vielen, prächtigen kleineren Buchten, aus welchen schmucke Dörfchen zwischen im-

mergrünem Laub hervorlugen, das stattliche Spezia im Hinter-
grunde. Nach Süden, dicht vor uns, gewahren wir die gewaltige Bergpyramide des M. Muzzerone (335 Meter), den In-
selberg Palmaria (187 Meter) mit dem früheren Brigantenge-
fängniss, jetzt Artilleriekaserne, auf dem Gipfel, die Inselchen
Tino mit den Klosterresten und Tinetto. Davor dehnt sich
das weite, grosse, unermessliche Meer aus, aus welchem in der
Ferne die Inseln Gorgona und Capraja heraustauchen. Im
Westen krümmt sich, vom brausenden Meere bespült, die
zackige, steil abfallende Küste, die Riviera di Levante, ein
unheimliches Berggewimmel bis nach Genua hin, dessen Zinnen
man bei günstiger Beleuchtung noch erkennen soll. — Wie
schön ist die Natur und wie arm dagegen die Sprache, welche
nicht im Stande ist, auch nur zum kleinen Theil die Herrlich-
keit jener zu beschreiben! Man hat dort oben eine Aussicht,
welche würdig den schönsten von ganz Italien an die Seite zu
stellen ist, wenn auch unbegreiflicher Weise die Reisehand-
bücher ganz davon schweigen. Für uns kam es darauf an,
weniger die Schönheit als den grossen Schutz, den der Golf
gegen die meisten Winde geniesst, festzustellen; von minder
übersichtlichem Standpunkte aus täuscht man sich darin mehr,
als man denken sollte. —

Wie Burmeister, Reichert und Andere, so hat auch
Prof. A. Pagenstecher Spezia (im August und September)
aufgesucht und aus der theils aus dem Ligurischen Meere von
günstigem Winde hereingetriebenen, theils auf dem nahrungs-
reichen Grunde bequem sich ernährenden Thierwelt zum Vortheil der Wissenschaft erwünschte Beute entnommen. Demnach ist die Küste von Palmaria überreich an Polythalamien,
in den Klippen des zerstörten genuesischen Thurmes, la Scuola,
nisten die Meerdatteln, den Grund besetzen schöne Goryonen,
Melonenigel und ungeheuere Mengen von Holothurien. — Die
Fischarten sind nicht sehr reichhaltig. —

Ueber die Geologie hat Prof. Capellini in Bologna, ein geborener Spezianer, eine vorzügliche Darstellung [1]) geliefert, aus welcher wir unter Anderem Folgendes entnehmen: Die beiden Hauptthäler, von Spezia und von Miliarina, früher vom Meere überfluthet, sind alluvialer Boden und quaternäre Bildungen (Sand, Thon, Kies, Reste menschlicher Industrie); die westliche Bergkette besteht in der nach dem Golf hinschauenden Seite aus Infralias (Dolomitkalk, schwarzer Kalk, Marmor), der nördliche Höhenzug, resp. die Verbindungskette der West- und Ostberge, gehört ganz der unteren Tertiärbildung an (Schieferlette, Flysche). Das Gebiet des bosco di Pitelli, ebenso wie ein kleines Stück um Lerici ist Triasformation (bunter Sandstein, Muschelkalk, Keuper). Dazwischen eingeschoben, besonders hinter S. Terenzo, dem Dorfe gegenüber von Lerici, sind wieder untere Tertiärschichten. Von dieser durch eine Schlucht getrennt, in welcher die Strasse von Lerici nach Sarzana führt, ist eine Gruppe von Bergen bis zum Cap Corvo, welche aus Infralias besteht; das äusserste östliche Ende ist zum geringen Theil Trias, zum allergrössten paläozoisches Gebilde (Psammit, Glimmer, kiesels. Magnesia, Grauwacke).

Der alte, für eine italienische Stadt reinliche Theil ist etwas aufeinandergerückt, der neue Theil aber ist stattlich und zeichnet sich durch grosse und schöne Wohnhäuser aus. Ausser den grossartigen Arsenalbauten in Spezia und S. Bartholomeo, welche letztere ebenso wie die Eisenbahn um den Golf, wie es den Anschein hat, ganz zerfallen sollen, wurden im vorigen Winter auch ein Hospital von 39 Fenster Front und 3 Stockwerken, sowie eine grosse Kaserne aufgeführt. Am Meere, wo ein schöner Quai als Fortsetzung der Hauptstrasse

---

1) Descrizione geologica dei dintorni del golfo della Spezia etc. Bologna 1864. Dazu: Carta geologica etc. 1863.

der Stadt weit hinausführt, welchen man auch nach der Seite bis zu dem alten Thurm der sogenannten mulino a vento auf den Klippen vor der rocca dei Capuccini auszudehnen im Begriffe steht, liegt die öffentliche Anlage der giardino publico, welche schon Schellenberg »einen köstlichen Platz, von welchem aus zugleich der freieste Blick über den ganzen Golf hinaus in das offene Meer sich erschliesst«, nannte. In diese durch eine Anzahl immergrüner Gewächse und Bäume, wie Oleander, Meerkirschen, Magnolien, Orangen, gezierten, den ganzen Winter mit Rosen geschmückten Anlage ist auch die von einer kleinen Akazienallee umgebene piazza Vitt. Emanuele (früher del prato) hineingezogen worden. Kräftige Palmen machen den Anblick des Ganzen besonders schön und ein netter, kleiner Springbrunnen trägt auch Etwas dazu bei. Uebrigens ist Alles erst neu angelegt und soll noch weiter ausgedehnt werden. Auf drei Seiten stehen stattliche Gebäude, welche alle einen hohen Porticus haben. Sowie nun noch' zwei Gebäude vollendet sind, ist um den ganzen Garten ein schöner Säulengang von mehreren hundert Schritt Länge hergestellt, welcher selbst bei Regenwetter eine angenehme Promenade abgeben wird. — Die Strassen sind beinahe sämmtlich mit grossen Schieferbruchsteinen gepflastert; die Rinnen befinden sich auf der Seite. — Die Erleuchtung geschieht durch Gas, welches von der Fabrik in der Nähe des (provisorischen) Bahnhofes zur Stadt geleitet wird.

Bedeutende Gebäude zählt Spezia nicht viele, doch zeichnen sich einige durch Geschmack aus. Beachtenswerth sind der Palazzo da Passano, jetzt Hôtel Croce di Malta, der Palazzo des Marchese Doria (zum Theil jetzt Hôtel Milan)· am Giardino publico, dicht dabei das Admiralitätsgebäude und das im Innern recht schön eingerichtete theatro civico 1844 erbaut, mit der öffentlichen Bibliothek (4000 Bände, nicht reichhaltig). Der sogenannte Duomo di S. Maria, die grösste der

vier katholischen Kirchen, 1550 in Form eines lateinischen
Kreuzes erbaut, ist höchst einfach gehalten. Die Unterprä-
fectúr befindet sich Via Agostino 2, das Telegraphenamt Via
Agostino 3, die Banca del Popolo an der piazzo S.
Agostino, der palazzo del Municipio am Markt. Das unscheinbare ospedale dei poveri di S. Andrea an der ria del Prione, die Post
via Cavour. Der deutsche Consular-Agent, Herr Tori, wohnt
via del prioni, gegenüber der pharmacia regia; Generalconsul
ist Herr Apelius in Livorno.

Privatwohnungen (nur in Spezia!) stehen wegen der einstweilen noch unbedeutenden Nachfrage von Seiten der Fremden
in wünschenswerther Güte, natürlich nur in beschränkterer
Anzahl zur Verfügnng. Im letzten Jahre wurden eine solche
Masse von Häusern erbaut, dass nun wohl so leicht kein Woh-
nungsmangel besteht. Am giardino publico in sehr vortheil-
hafter Lage werden von Sig. Cav. Chiapetti möblirte Zimmer
vermiethet. Am Besten ist man zur Zeit wohl im Hôtel aufgehoben, als welches Croce di Malta gewiss am Meisten sich
empfiehlt durch schöne Lage, zum Theil recht gute Zimmer,
gute Küche. Die Besitzer, die Herren Gebrüder Lenzi, haben
dicht am Meere ein neues grosses Haus (130 Betten) erbaut,
welches im kommenden Winter bezogen werden und alle möglichen Bequemlichkeiten und Annehmlichkeiten bieten soll.
Pensionspreis war im vorigen Winter von $8^{1}/_{2}$ Frcs. (in italie-
nischem Papier!), steigend je nach der Güte und Ausstattung
der Zimmer. — Città di Milano hat eine gute Lage; allein
der Comfort war sehr gering und die Preise schwankend.

Im Alpergo Nazionale ist im ersten Stock eine sehr gute
Restauration; in dem gegenüberliegenden Caffee, an der Ecke
des Theaterplatzes, wird auch deutsch gesprochen. Deutsche
Zeitungen aber gibt es nicht. Die Heizung der im Winter mit
Teppichen dicht belegten Steinfussböden geschieht vermittelst
Kamin.

Die Lebensmittel sind in.Spezia in vollkommen zufrieden-
stellender Qualität zu haben. Die Campagna beschickt den
Markt reichlicher als man es in den Hôtels sagen will. Wein
(weisser) wird in der Umgegend sehr viel gezogen; er ist
leicht und etwas säuerlich. Eine berühmte vortreffliche Sorte
ist der Wein von Cinque Terre, 5 Dörfern, jenseits der Bergkette im Westen Spezias; er hat etwas dem Marsala Aehnliches, erhitzt jedoch nicht so sehr und schmeckt viel angenehmer. Das Trinkwasser kommt seit über zwei Jahren durch
eine Leitung von Vivera nach der Stadt; der Geschmack ist
angenehm, doch ein wenig weich. Beim Bau des grossen
Tunnels von Biassa bei Spezia, dem zweitgrössten in Italien,
wurden indess so ergiebige, gute Quellen entdeckt, dass eine
Commission beordert wurde, die Frage einer neuen Leitung
zu prüfen. — Wegen der hier wie an allen Orten mit grosser
Luftfeuchtigkeit öfters sich einstellenden Diarrhöen, ist es
rathsam, etwas Wein dem Wasser zuzusetzen. Und dazu eignet
sich ausser den feineren Rothweinsorten sehr gut der toska-
nische Chianti.

Von den drei Apotheken Spezia's heben wir als empfeh-
lenswerth die pharmacia regia des Herrn Fossati (Ecke der
via agostino und del prione) hervor, welche wenn auch in un-
scheinbarem Locale mindestens auf der Höhe der italienischen
steht. Mehr zu verlangen, als die italienische Pharmakopöe
vorschreibt, wird nicht rathsam sein, dennoch besteht über
die Güte der gelieferten Präparate kein Zweifel, deren einige
selbst aus Deutschland (Merk in Darmstadt) bezogen waren.

Für Unterhaltung ist in Spezia nicht viel gesorgt; allein
im Winter gab man Lustspiele in dem mit 20000 Lire jähr-
lich subventionirten Theater, später gegen das Frühjahr hatte
man eine ganz gute Oper und selbstverständlich Ballet; ferner
werden in der Casinogesellschaft, in welche es sehr leicht ist,
eingeführt zu werden, Concerte und Bälle veranstaltet. Die

öffentliche Bibliothek ist täglich von 10 bis 12 Uhr geöffnet,
enthält jedoch meist nur Italienisches oder alte Sachen.
Wer nicht mit den immer und überall liebenswürdigen
Italiern verkehren will oder kann, der ist allerdings auf sich
angewiesen. Etwas Unterhaltung gewährt wohl auch der
Schiffsverkehr im Golf, in welchem zu Zeiten auch Kriegsschiffe
fremder Nationen ausruhen. Doch man lebt in Spezia mehr
wie auf dem Lande, so dass es uns als einen Missgriff erscheint, wenn man Leute dorthin schickt, welche nicht ohne
ausgedehnten geselligen Verkehr oder gar Vergnügungen grösserer Städte leben können. Alle, welche dem Getreibe der
Menschen sich entziehen, ohne viel Gesellschaft in ländlicher
Stille sich erholen und dem ruhigen Genuss der Natur in
herrlicher Gegend sich hingeben wollen, sie werden hier zu-
frieden sein. Zumal aufgeregten, reizbaren Personen sagt die
Unruhe, wie sie an anderen Kurorten durch Zufluss so enorm
vieler Kranken und Gesunden bedingt wird, gar nicht zu.
Auch ist es nicht Jedermanns Sache, stets durch den Anblick
Schwerleidender an eigenes Elend erinnert zu werden, wie
darin Meran [1]) Erstaunliches leistet. — Jedenfalls wird es
auch nöthig sein, sich mit Büchern reichlich zu versehen, weil
der Spezianer Buchhandel nicht weit her ist. — Die im Sommer zahlreicheren Bettler belästigen im Winter fast gar nicht,
und merkwürdig ist es, wie selten man um ein Almosen ange-
sprochen wird. — Von der Bevölkerung hat Schellenberg
viele treffende Züge erzählt. Alle sind freundlich und zuvor-
kommend und besonders wird man auf dem Lande leicht Gelegenheit haben, die natürliche Liebenswürdigkeit der Landbe-
völkerung kennen zu lernen, wenn auch die Sprache selbst für
den des Italinischen vollkommen Kundigen, nur schwer verständlich ist. Unter den Männern sind kräftige Gestalten mit

---

1) P. Niemeyer, Med. Abh. I, p. 166.

schönen Gesichtszügen, die Weiber altern leicht, doch haben
wir auch, wenn auch selten, schöne Frauenköpfe gesehen; ganz
reizend sind oft die Kinder, namentlich die Knaben. Der
Charakter der Bevölkerung ist ruhig und friedliebend; die
mittlere Classe ist aufgeweckt und arbeitsam. Alle sind mäs-
sig; sieht man Betrunkene, so sind es immer Matrosen.
Die Vegetation ist, wenn auch einförmig, doch sehr üppig.
Feigen, Oel, Kastanien und Wein gedeihen wunderbar. Die
Meerkirschenbäume sind besonders herrlich im Anfang des
Winters, wenn die Frucht unter weissen Blüthen hervorschaut.
Orangenbäume im Giardino publico und in Gärten, in manchen von einer Dicke, dass kaum irgendwo schönere Exemplare
gesehen werden, lieferten dieses Jahr eine ausgezeichnete süsse
Frucht. Citronen zieht man ebenfalls, doch am Spalier; allein
man'will noch nicht nöthig gehabt haben, dieselben zu decken;
in der Campagna ist das jedenfalls unabweislich. — An schönen Spaziergängen ist die Umgegend ausserordentlich reich;
einige steigen den Berg hinan, sehr viele liegen dagegen in
der Ebene; alle sind mehr oder weniger geschützt. Am Meere
entlang kann man nur mehr nach der einen Seite nach
S. Bartholomeo gehen; will man die durch die herrlichste
Aussicht ausgezeichnete Napoleonstrasse [1]), welche an der westlichen Seite des Golfs entlang nach Porto venere führt, benutzen,
so muss man erst das ganze Gebiet des Arsenals umgehen. Die
Landstrassen sind alle selbst nach ausgiebigem Regen ziemlich
schnell wieder trocken. Im Frühjahr können sie wohl staubig
sein; auf den Feldwegen aber wird man dadurch niemals be-
lästigt. Und an solchen Wegen ist gerade die Gegend so
reich. Besonders geschützt sind im Thale von Miliarina eine
ganze Reihe von kleineren Thälern, die durch von Nordwesten

---

1) Sie hat eine Länge von 10787 Meter und wurde auf Napoleon I.
Befehl 1808 –1812 erbaut.

nach Südosten verlaufende Höhenzüge gebildet sind. Vor dem ersten Thal liegt der Bahnhof, in den andern sind Bauernhöfe zerstreut, von welchen aus meist eine überraschende Aussicht auf die Alpen von Carrara oder auf das Meer sich darbietet. Von der schönen Landstrasse nach Sarzana sind sie leicht zugänglich, den Wind fühlt man kaum in denselben. — Ein angenehmer Aufenthalt im Freien bleibt immer der Giardino publico, dessen neuer Theil am wärmsten und sehr geschützt ist. Schade, dass auch nicht eine einzige hölzerne, sondern nur steinerne Bänke an demselben stehen. — Dass man je nach der Windrichtung seinen Weg wählt, ist rathsam.

Unter den Ausflügen nennen wir nur einige, die sich durch besondere Schönheit auszeichnen. Vor allen hervorzuheben ist Porto Venere entweder über das Meer oder viel besser auf der Landstrasse (10787 Meter lang) zu Wagen in etwa $1^1/_2$ Stunden zu erreichen. Man vergesse dabei nicht die Grotte Arpaja zu besuchen.

Lerici, mit altem Castell, ein Städtchen von ca. 4000 Einwohnern, liegt an der schönsten Bucht am ganzen Golf. Man gelangt dorthin zu Boot etwa in $1^1/_2$ Stunden oder in kürzerer Zeit mit dem kleinen Schraubendampfer Emmerik, welcher den Weg dreimal am Tage macht. Sehr lohnend ist der Weg nach Sarbia, immer dem kleinen Weg auf der Rocca dei Capuccini folgend und der nach Viseggi, einigen Häusern auf dem Berge oberhalb Marinasco im Nordwesten von Spezia. Am Besten und Bequemsten benutzt man die Strasse nach Genua bis auf die Passhöhe bei la Foce (251 Meter) zu Fuss oder zu Wagen und geht dann rechts weiter hinauf. Es ist ein F. P. der Landestriangulation. Die herrlichste Aussicht gewährt die natürlich nur bei sehr gutem Wetter und für Kranke wohl zu beschwerliche Ersteigung des M. Castellana, von deren überwältigender Schönheit wir schon gesprochen haben.

Von dem Wunder des Golfes aber dürfen wir nicht zu erzählen vergessen, es ist das die polla di Cadimare, eine süsse Quelle, welche ca. 50 Meter vom Lande entfernt aus einer Tiefe von 18 Meter im Meere entspringt und durch ihren Sprudel die Meereswogen auseinanderdrängt.

Protestantischer Gottesdienst in italienischer Sprache wird Sonntag von 11 Uhr an der Ecke der piazza Vitt. Emanuele, gegenüber der Admiralität abgehalten; zuweilen ist englischer Gottesdienst im Croci di Malta.

Die Reise nach Spezia macht man einstweilen am Bequemsten mit der Eisenbahn über Pisa. Mit Vollendung der ganzen Strecke Genua-Spezia, was gegen Ende dieses Jahres wohl der Fall ist, wird man am Zweckmässigsten über Genua fahren, um so eher, weil die Riviera di Levante zwar nicht so bekannt als die Riviera di Ponente, dieser aber an Schönheit gar nicht nachsteht, wenn man dem Urtheil höchst competenter Leute Glauben schenken darf. Die grosse Masse der Reisenden sieht nur das, was das Reisehandbuch angibt. Zur Zeit fährt man mit der Eisenbahn bis Sestri, von dort in etwa 7 Stunden auf der sehr guten Landstrasse mit der Post oder im Miethwagen nach Spezia. Auch geht dreimal wöchentlich ein Dampfer von Genua nach Spezia in 7 Stunden, leider nur Nachts.

Spezia ist im Sommer ein namentlich von Mittel-Italien aus (nicht von Genuesen) zahlreich besuchtes Seebad.

Schellenberg [1]) sagt darüber: »Es gibt unter den Seebädern des Mittelländischen Meeres keines, das mit zweckmässigen Einrichtungen den Reiz der landschaftlichen Schönheit, mit der städtischen Bequemlichkeit den Genuss des ländlichen Stilllebens, mit der stolzen Pracht der Natur die schattige, liebliche Idylle in so glücklicher Weise verbindet und

---

1) l. c. p. VIII.

daher vor allen anderen empfohlen zu werden verdient.« In
Helfft's Balneotherapie [1]) heisst es:»Der Golf von la Spezia
liegt geschützt, das Meerwasser hat hier eine hohe Temperatur
und der Wellenschlag ist schwächer; der Ort ist daher zarten
Personen sehr zu empfehlen. In der Stadt finden sich mehrere
gute Wohnungen und auch ein Badehaus für warme See-
bäder.«

Als im vorigen Winter für den Verfasser bei sehr leichter
Erregbarkeit des Gefäss- und Nervensystems und grossem Reiz-
zustande der Athmungsorgane eine mässig feuchte Seeluft in-
dicirt war, wurde Spezia als passend erkannt. Und in der
That war der Versuch von Erfolg gekrönt, denn bei vorsichtiger Lebensweise besserte sich nicht nur in sehr erfreulicher
Weise das subjective Befinden und hoben sich die Körperkräfte,
sondern es verschwand auch jeglicher Husten und der früher öfter
blutige Auswurf vollständig. Da mir nun ferner eine Reihe
von wesentlichen Besserungen Anderer bekannt geworden sind,
so glaube ich mich berechtigt halten zu dürfen, auf Spezia als
passenden Winteraufenthalt hinzuweisen. Zwar sind in der
Nähe andere Orte wie z. B. S. Terenzo, gegenüber von Lerici,
noch mehr geschützt gelegen, die Dörfchen Cinque Terre aber
zeichnen sich durch ein Klima und eine so herrliche Vegetation aus, dass, wie Prof. Savi [2]) erzählt, man an die afrika-
nische Küste versetzt zu sein glaube (in diesem Winter hatte
der Wein schon den 1. März kleine Blättchen). Allein einstweilen wenigstens ist ein Aufenthalt nur in Spezia möglich.
Man ist nicht nur in einer Stadt, sondern hat auch eine bedeutend grössere Anzahl von Spaziergängen, worin Spezia die
meisten Winterstationen wohl übertrifft. Ganz sicher aber

---

1) Aufl. VII, 1870. p. 187.
2) Osservazioni per servire alla storia di alcune Sylvie toscane.
Pisa.

zeichnet sich darin Spezia vor Nervi mit gleichem Klima ganz bedeutend aus; mit der vollendeten Eisenbahn aber kann für Nervi auch der Vorzug einer bequemeren Verbindung mit Genua nicht mehr angeführt werden. Auch der Windschutz ist in Nervi ein anderer; dennoch möchte ich hierüber den in Aussicht stehenden Bericht abwarten. Wer Spezia auch nur vorübergehend gesehen hat, weiss, dass die Stadt einer ganz besonderen Blüthe entgegen geht; in wenigen Jahren wird sie durch stattliche Grösse imponiren.

Das Klima Spezia's wird in den bekannten Reisehandbüchern von Baedecker und Dr. Csell-Fels sehr mild, von Förster äusserst angenehm genannt. Schellenberg meint in seiner wiederholt citirten Schrift, dass die klimatischen Verhältnisse des Golfs keineswegs so günstige seien, dass Spezia in die Zahl der klimatischen Kurorte aufgenommen werden könne. Man muss das wirklich komisch finden, wenn er gleich dazu setzt, »der Winter ist äusserst mild und von kurzer Dauer.« Und dann hat er ja gar keinen Winter dort zugebracht, scheint also zu solchem Urtheil nicht wohl berechtigt zu sein. Ueberhaupt möchte ich mich lieber an das Original als an den Compilator halten. Zolesi [1]) schreibt nämlich: »La dolcezza del clima di Spezia e delle rive del golfo ne rende ogni oltre dire il soggiorno che riesce singolaramente benefico ai malati delle settentrionali contrade.« Und dann steht ferner dort »l'inverno vi è mitissimo e di poca durata.« Wir meinen, das ist deutlich genug.

Auch Bennet hat sich in seiner Schrift über Mentone nicht günstig über das Klima ausgesprochen. Allein, wie mir scheint, liegt eine Erklärung für sein Urtheil ausser in

---

1) Guida pitt. de Golfo della Spezia per A. Zolesi. Spezia 1861. p. 51.

dem nur kurzen Aufenthalt und abgesehen von seiner unbe-
gränzten Vorliebe für Mentone darin, dass er nur ein trocken
— warmes Klima für Brustleidende für zuträglich hielt. Für
einen Engländer ist das ja auch nicht merkwürdig, denn wenn
man festhält, dass die Engländer ihr Lungenleiden in ihrer
feuchten, nebeligen Heimath acquirirt haben, so kann man
sich wohl denken, dass sie viel bessere Erfolge einer klimatischen Kur in trockener Luft beobachten können. Die Indication bestimmt sich ja wesentlich nach den Verhältnissen, in
denen man sich die Krankheit zugezogen.

Zwar keine ausführlichen Tabellen können wir mittheilen,
indess wollen wir die Zeit vom Anfang October bis Ende
März, welche wir dort verlebt, schildern. Trotz aller Nachfrage waren meteorologische Beobachtungen aus früherer Zeit
mit dem besten Willen nicht aufzutreiben.

Die Höhe des Beobachtungsortes betrug 7 Meter über
dem etwa 50 Schritte entfernten Meere; die Instrumente sind
von besonderer Güte aus der Fabrik von Leibold's Nachfolger
in Köln.

Ueber die Temperatur geben die folgenden Tabellen
Aufschluss.

Temperaturtabelle °C.

1872/73	Morgens 8 Uhr	Nachm. 1 Uhr	Abends 8 Uhr	Mittel	niedrigstes Tagesmittel
Oct.	17,0	19,1	15,7	17,2	12,0
Nov.	13,7	15,8	11,9	13,8	6,5
Dec.	9,7	14,7	10,6	11,6	7,1
Jan.	8,6	13,1	9,3	10,3	6,1
Febr.	6,3	12,3	7,2	8,6	4,6
März	13,0	16,4	12,2	13,9	10,5

1872/73	Tägl. Temp.-Oscillationen.		
	Max.	Min.	Mittel
Oct.	7,5	0,6	3,8
Nov.	9,3	0,6	4,3
Dez.	11,2	0,6	4,5
Jan.	11,8	0,2	5,0
Febr.	12,6	0,7	6,6
März	10,6	1,0	5,9

Oscillationen der mittl. Temp. von einem Tag zum anderen.

Monat	Mittel	Max.
Oct.	1,7	4,8
Nov.	0,9	3,3
Dez.	1,0	3,7
Jan.	1,3	3,6
Febr.	0,9	3,8
März	1,0	3,5

Absolute Extreme der Temperatur.

Im Monat	am Tage		Min. Nachts	Min. 1 Uhr Nach-mittags
	Max.	Min.		
October	22,5	11,8	—	14,3
November	21,8	6,8	—	8,7
Dezember	19,3	3,7	—	10,0
Januar	18,0	3,2	1,5	6,6
Februar	18,3	0,4	—0,6	6,7
März	23,7	7,6	6,2	12,3

Zum Vergleich mit diesen Angaben haben wir zwei kleine Tafeln für Spezia und Rom aus derselben Zeit zusammengegestellt, für Rom berechnet aus dem täglichen Bulletino meteorolog. dell osservatorio del collegio Romano. Dadurch, dass wir auch die Normaltemperatur von Rom danebengestellt haben, glauben wir den Werth unserer Angaben wesentlich zu erhöhen. Man wird daraus schliessen können, in welcher Weise auch in Spezia die Temperatur sich von der Normalen entfernt hat.

Mittlere Temperaturen.

Monat	Spezia	Rom	
		1872/73	normal [1])
Dec.	11,6	11,3	8,5
Jan.	10,7	8,1	7,0
Febr.	8,6	8,1	8,3

Tägl. Temp.-Oscillationen.

Monat	Spezia	Rom
Dec.	4,5	6,5
Jan.	5,0	7,9
Febr.	6,6	7,7

Dass die täglichen Temperaturschwankungen geringe sind, das geht wohl aus unseren Zahlen hervor.

Der mittlere Barometerstand war
im Januar 768,5 Mm.
Febr. 768,2
März 766,7

---

1) Nach R. v. Vivenot, Palermo.

Die absoluten monatlichen Excursionen waren 33 Mm. im
Januar, 30,9, im Februar, 11,7 im März. Schwankungen kamen von einem Tage zum anderen diese
vor :

Monat	Mittel	Max. absol.
Januar	2,4 Mm.	16,0
Februar	3,6	10,2
März	1,5	7,9

Während klimatische Kurorte mit mehr trockner Luft in
weit ausreichender Anzahl bekannt sind, kann ein Gleiches von
Stationen mit mehr feuchter Luft nicht gesagt werden, an
Orten aber mit feuchtem See- resp. Küstenklima war bis jetzt
empfindlicher Mangel; jedenfalls war es bisher nicht möglich,
der Vortheile eines solchen in dieser Nähe theilhaftig zu werden. Nach Madeira, Palermo, Ajeccio mochte und konnte
nicht Jeder gehen, Venedig war wieder zu kalt; die Insel
Lissa, von Dr. Voytits empfohlen, mit einer Wintertempe-
ratur von 6,2 — 15⁰ C. und die Insel Lesina, auf welche Dr.
Franke aufmerksam gemacht hat, bieten den Kranken noch
zu unangenehme und ungewohnte (dalmatische) Verhältnisse
und sind ebenfalls gar nicht so leicht zu erreichen [1]). Durch
die Orte der Riviera di Levante wird diese Lücke ausgefüllt.
Es ist nicht unwichtig, dass J. H. Bennet, bei der Unter-
scheidung, die er zwischen Riviera di Ponente und Riviera di
Levante traf [2]), keineswegs den rechten Punkt getroffen hatte.
In dieser Anschauung ist man noch bis auf den heutigen Tag
befangen und glaubt, dass an der Riviera di Levante kaum

---

1) Pisa und Rom rechnen wir wegen der grösseren Entfernung
vom Meere nicht mehr hierher.

2) Mentone u. s. w. übers. v. Hahn. Mainz 1863.

ein klimatischer Kurort liegen könne. Und doch sind Spezia
und auch Nervi mit vollstem Recht als solche zu bezeichnen.
Ein wichtiger Unterschied zwischen den beiden Küsten besteht;
an der Ponente ist die Luft trocken, an der Levante feucht. Die heutige Klimatologie, welche ebensogut
geringe wie grosse Luftfeuchtigkeit in bestimmten Fällen als
heilsam bezeichnet, kann darin nicht mehr wie früher ein
Nachtheil der Kurorte der Riviera di Levante erblicken. —
Zwar nicht für alle, aber gewiss für viele Leidende kann auch
die höhere Temperatur von Palermo und Madeira nicht in die
Wagschale fallen. Es ist ja hinreichend bekannt, dass gerade
an den Orten, an welchen niedrigere Temperaturen gewöhnlich
sind, die Patienten, weil sie sich mehr gegen alle Witterungs-
einflüsse schützen und in Acht nehmen, auch viel weniger in-
tercurrenten Erkrankungen und acuten Exacerbationen ihrer
Leiden ausgesetzt sind, als da, wo die ewig linde Luft unvor-
sichtig macht. Auch eine Verweichlichung, welche bei und
nach der Rückkehr in die Heimath oft so nachtheilig sich be-
merkbar macht, ist weniger zu befürchten.

Von October bis Ende Dezember konnte es keinem Zweifel unterliegen, dass die Feuchtigkeit der Luft in Spezia wirklich eine bedeutende sei, indem sowohl die geringen täglichen
Schwankungen der Temperatur, als auch der abnorm häufige
Regen, die vielen Südwinde, das äusserst langsame Trocknen
von nassen, das leichte Aufquellen hygroscopischer Gegenstände,
die leichte Thaubildung u. s. w. darauf hinwies. Immerhin
muss ich bedauern, nicht in der Lage gewesen zu sein, für
diese Monate Messungen mit dem Psychrometer anzustellen.
Von Januar an aber konnte ich das Versäumte ausführen.

In der Bestimmung der relativen Feuchtigkeit lag der
Kernpunkt der Aufgabe; denn ergab es sich, dass die Luft
eine ähnliche war wie in den Orten der Riviera di Ponente,
so würde es unnütz gewesen sein, von der Riviera di Levante

zu sprechen. Weil Bennet sich in diesem Punkte täuschte, desshalb verfiel er auch in den oben schon bezeichneten Fehler.

Die Resultate meiner Untersuchung sind in den nachstehenden Tabellen zusammengefasst.

Relative Feuchtigkeit %.

Monat	Mittel	absol. Extr.		Tägl. Oscill.	Tägl. Oscill. der mittlern rel. F.
		Max.	Min.		
Jan.	79,4%	97,0	47,3	8,3	7,2
Febr.	78,1	98,3	47,7	19,6	7,8
März	73,6	94,9	37,2	17,0	7,0

Ein Vergleich mit den Angaben für Rom fällt wieder zu Gunsten Spezia's aus.

Vergleichende Tabelle.

Monat	rel. F. im Mittel		Tägl. Oscillationen der mittl. relat. Feuchtigkeit.					
			Mittel		Max.		Min.	
	Spezia	Rom	Spezia	Rom	Spezia	Rom	Spezia	Rom
Januar	79,4	79,6	7,2	8,1	18,7	33	0	0
Februar	78,1	72,3	7,8	6,8	20,1	23	0,2	0
März	73,6	68,2	7,0	8,8	17,0	28	1,0	1

Das Verhalten des Dunstdruckes sowie des Thaupunktes erkennt man aus folgenden Angaben:

Thomas, Klimatologie etc.   7

Dunstdruck Mm.

Monat	Mittel	absol. Extreme	
		Max.	Min.
Januar	7,87	10,77	5,60
Februar	6,83	10,23	3,75
März	8,77	11,67	6,17

Tägl. Oscillationen

Monat	Mittel	Max.	Min.	des mittl. Druckes
Januar	1,14	4,08	0,30	0,60
Februar	1,25	2,83	0,35	0,54
März	1,42	2,72	0,20	0,55

Thaupunkt °C.

Monat		Differenz des mittl. Thaup. von der mittl. Lufttemperatur.		
	Mittel	Mittel	Max.	Min.
Januar	7,0⁰	3,3⁰	8,4	1,1
Februar	4,7	3,9	6,3	1,0
März	8,7	5,2	13,1	1,9

Ueber die Witterungsverhältnisse haben wir einige Tabellen zusammengestellt. Wie bekannt, war die Witterung
im vorigen Winter keine günstige. Während Zolesi[1]) vom
Herbste sagt: »che porta seco stupende giornata di sereno«
regnete es dieses Mal fast unaufhörlich. Es schien, als ob in
diesem Winter die Zone des Regenmaximum, welche sonst auf
die Azoren, die Canaren und einen Theil des nördlichen Afrika
kommt, einige Breitegrade weiter nach Norden gerückt sei.

---

1) l. c p. 51.

Tage

Monat	ganz heiter	bedeckt mit Sonnenschein	trübe	Regen
October	6	16	9	14
November	9	9	12	14
Dezember	9	5	17	17
Januar	11	10	10	9
Februar	13	7	8	10
März	15	8	8	10

Tage

Monat	Gewitter	Hagel	Schnee	Nebel	heft. Wind
Oct.	6	—	—	—	8
Nov.	3	—	—	—	6
Dez.	3	—	—	—	9
Jan.	1	1	—	—	5
Febr.	—	1	—	in Spuren	6
März	1	1	—	in Spuren	4

Obwohl es in Spezia wahrlich so viel regnete, dass man dadurch oft missmuthig werden konnte, so fallen auf Rom für den (meteorol.) Winter ebenfalls 32 Regentage, wobei zu bemerken ist, dass von Dezember bis Februar 6 mal das Bolletino ausfiel, an welchem Tage es ja gleichfalls geregnet haben könnte.

In Köln regnete es im October an 15, im November an 18 Tagen, in Tremezzo aber im October 25, im November 18, im Dezember 16 Mal. Während in diesem schlechten (meteor.) Winter auf Spezia 36 Regentage kommen, beträgt in Palermo nach R. v. Vivenot die normale Anzahl der Regentage 36,3, in Pisa nach Bröking 39,7. Dass es in Spezia mehr regnet

7 *

als an Orten mit mehr trockner Luft, ist für Jeden leicht er-
klärlich. Durch die von Bergen eingeschlossene Lage worden
Niederschläge auch begünstigt.

Nebel ist nur zweimal in Spuren bemerkt worden und
zwar Abends. Wir heben dies hervor, weil gerade aus diesem
Winter allenthalben Meran, Venedig, Montreux uns berichtet
wurde, dass an einer ganzen Reihe von Tagen Nebel geherrscht
habe. Von Rom liest man, dass im Dezember 1 Tag, im Januar 3, im Februar 1, im März 4 Tage mit Nebel vorkamen,
ausserdem aber im Dezember 2, Januar 1, März 4 Tage mit
»vapore« fielen.

Fast die ganze Anzahl der Tage, an welchem heftige
Winde verzeichnet sind, sind Scirocco - oder Libeccio - Tage.
Nur zweimal wurde Tramontana beobachtet und dann war der
Wind bei ganz heiterem Wetter nicht der Art, dass man bei
vorsichtiger Wahl des Spazierganges an's Zimmer gefesselt gewesen wäre, auch der Ost, welcher gegen das Frühjahr häufiger wehete, brachte schönes Wetter und dann fühlte man denselben auf der piazza Vitt. Emanuele kaum. Am Meisten
störten die Winde aus südlicher Richtung, Südost, Süd, Südwest, welche zugleich meist ganz gewaltige Regenmassen her-
beiführten. Die Seebrise kam im Winter gar nicht und der
See war im Golf oft tagelang spiegelglatt, wie eine erstarrte
Masse. Wir bemerkten oft die hochgehenden Wogen im freien
Meere und an den vorgeschobenen Punkten, während im Golf
der Wellenschlag kaum gesehen werden konnte. Erst mit dem
Wärmerwerden der Tage erschien auch die Seebrise. Im
Februar trat sie gegen $^1/_2$ 12 Uhr Morgens ein, vorher herrschte
vollkommene Windstille, so dass es eine Freude war, im Freien
den heiteren Sonnenschein zu geniessen. Trat die Seebrise
auch im März schon etwas früher auf, so konnte man sich
ihrer überhaupt nicht so gefährlichen Wirkung leicht entziehen,

wenn man einen Spaziergang in die oben beschriebenen kleineren Thäler im Thal von Miliarina machte. Zolesi sagt vom Frühling, er sei etwas unbeständig und zeichne sich durch wechselnde Winde aus. Sehr heftige Winde hatten wir dieses Jahr nicht so viele. Aber in ganz Europa ist das Frühjahr die unbeständigste Zeit und es gibt kaum einen Kurort in der ganzen Welt, wo im Frühjahr gar keine Störungen vorkämen. Dennoch hatten wir eine grosse Zahl der schönsten Tage, welche reichlich für vieles Unangenehme entschädigen konnten.

Dass in Spezia Schnee nicht unbekannt ist, wiewohl dieses Mal kein Flöckchen gefallen ist, sondern nur die höheren Berge der nächsten Umgebung zweimal auf wenige Stunden einen schwachen Anflug davon auf dem Gipfel hatten, etwas weiter entfernte Berge aber, wie die von Fosdinovo, jenseits des Thales der Magra, zweimal ganz weiss aussahen, das kann nicht auffallen. Sicher ist, dass der Schnee niemals für längere Zeit liegen bleibt.

Man hat gesagt, in Spezia komme Malaria häufig vor. Wenn schon im Winter daran gar nicht zu denken ist, so wird diese Krankheit jetzt auch in den übrigen Jahreszeiten nur mehr selten, dann aber namentlich im östlichen Theile von Miliarina bemerkt. Nach Spezia soll weder früher noch jetzt Malaria-Fieber kommen. Während 1810 Lépére ein so trauriges Gemälde von der ungesunden Luft dieser Gegend entwerfen konnte und man Orte wie Pitelli, Arcola, S. Venerio mit demselben Recht wie das Orsilago von Livorno erzählt, »Bett des Fiebers und Nest der Seuche« nannte, ist das seit etwa 15 Jahren ganz anders geworden. Früher übelberüchtigte Plätze sind jetzt mit netten Dörfchen besetzt, das Land fruchtbar. Damals soll der Capuziner-Hügel Spezia so wirksam geschützt haben[1]), dass die Mönche, welche nach der Seite von

---

1) Prof. Capellini l. c. p. 11.

Miliarina ihre Wohnung hatten, erkrankten, während die nach
der Spezianer Seite Wohnenden befreit blieben. Nach A. Zolesi[1]), welchen Prof. Schellenberg ohne Angabe der
Quelle so stark compilirt hat, sind die hauptsächlichsten
Krankheiten im Winter Schnupfen, zuweilen hartnäckig, und
Catarrhe, in den übrigen Jahreszeiten Gastro-enteritis, ferner
die Mortalität unerheblich, hohes Alter in der Campagna sehr
häufig.

Alle Schiffe, welche längere Zeit in Quarantaine liegen
sollen, bevor sie in den Hafen Genua's einlaufen dürfen, kommen nach der kleinen Bucht von Varignano. Auf die Frage,
warum das geschehe, antwortete der ungebildete Bootsmann:
»weil die Luft hier so gesund ist.« Als in Genua vor vielen
Jahren die Cholera wüthete, kamen mehre Schiffe mit Flüch-
tenden nach Spezia; unter diesen soll kein einziger (?) Todes-
fall vorgekommen sein. Bei dem Zusammentreffen hoher Luftfeuchtigkeit, sowie für Wasser undurchlässigem Boden (Thon-
und Lehmboden) mit starkem Ozongehalte der Luft erscheint
eine solche Erzählung durchaus begründet zu sein cf. p. 78.

Früher als noch nicht so viel Arbeiterbevölkerung in
Spezia war, sagt man, habe das kleine Hospital öfters ganz
leer gestanden.

Nach einer mir zu Theil gewordenen Notiz des Munici-
piums von Spezia ergibt sich:

Jahr	Bevölkerung	Gestorbene	Mortalität
1870	20090	499	1 : 40,2
1871	22100	573	1 : 38,5
1872	24127	709	1 : 34

im Durchschnitt 1 : 37,5

---

1) Guida pittor. del Golfo della Spezia per A. Zolesi p. 51.
Spezia 1861.

Erwägt man hierbei, dass zu den Hafenbauten eine sehr
arme Arbeiterbevölkerung (ca. 2500) herangezogen wurde, welche
zu 25, zu 50, ja sogar zu 100 in elenden, kleinen Baracken
zusammenwohnen, dass ferner wegen augenblicklichen Woh-
nungsmangels die Wohnungen schon bezogen wurden, ehe noch
der Bau vollendet war, so ist die Mortalität wahrlich nicht
zu hoch. Rechnet man die Todesfälle durch Verunglücken ab

im Jahre 1870 — 18

1871 — 21

1872 — 20

so war die Mortalität im Jahre

1870 1 : 41,7

1871 1 : 40,0

1872 1 : 35,0

Ist aus unserer Beobachtung des verflossenen, noch dazu
warmen Winters, auch kein sicherer Schluss über das Klima
von Spezia erlaubt, so halten wir doch für gewiss, dass eine
klimatotherapeutische Anwendung des äusserst milden, mässig
feuchten, nur wenig anregenden [1]) Küstenklima's recht wohl angebracht ist, welches bei richtig gestellter Indication und passender Auswahl wie an dem Verfasser selbst so auch bei Anderen seine gute Wirkung bethätigen wird. Hoffentlich wird
es uns vergönnt sein, durch weitere sorgfältige Beobachtungen eine ganz genaue Kenntniss des Klima's möglich zu
machen.

Die Indicationen sind ungefähr, sicherlich für weniger

---

1) A. Biermann ist entschieden im Irrthum, wenn er das Klima
von Spezia (Deutsche Klinik 1872) für sehr anregend hält; der grössere Feuchtigkeitsgehalt der Luft dient als Beweis für die Richtigkeit
unserer Angabe.

empfindliche Personen, dieselben, wie für Palermo: trockene
Katarrhe, entzündliche Reizzustände der Athmungsorgane, daraus resultirende Hämoptoe, Pleuritis, erregbares Gefäss- und
Nervensystem, Hysterie, Neuralgien, crethische Scrophulose
u. s. w. überall da, wo man zugleich eine sehr gelinde Anregung
für nöthig halten wird. Der Appetit ist in den meisten Fällen
in Spezia sehr gut. Ist auch die milde Einwirkung der Seeluft in Spezia noch zu stark, so ist Pisa in $2^3/_4$ Stunden mit
der Eisenbahn zu erreichen; wünscht man verstärkten Einfluss, so können mit dem Ende dieses Jahres nach Vollendung
der ganzen Strecke Spezia-Genua die Stationen der Riviera di
Ponente bequem substituirt werden. Auch darin liegt ein
nicht zu unterschätzender Vorzug Spezia's, namentlich den
weiter entfernten Orten Palermo, Ajaccio, Madeira gegenüber. Wir haben Spezia in diesen Mittheilungen etwas ausführ-
licher behandelt, als es eigentlich in unserem Plane lag, glauben jedoch, dazu eher berechtigt gewesen zu sein, weil man
bis jetzt Spezia (natürlich nicht zu verwechseln mit dem von
A. Hirsch mehrfach erwähnten gleichnamigen Orte in Grie-
chenland) in Deutschland sozusagen gar nicht gekannt hat.
Dass noch recht Vieles in Spezia besser werden muss, ehe es
eine ansehnliche Krankencolonie zählen wird, dessen sind wir
uns vollkommen bewusst. Es kam uns nicht darauf an, einen
Ort namhaft zu machen, welcher alle anderen überstrahlen und
überflüssig machen sollte, es galt nur eine Lücke auszufüllen.
In diesem Sinne bitten wir diese noch unvollständigen Mittheilungen aufnehmen und beurtheilen zu wollen; auch recht-
fertigt uns dabei H. W. Dowe's Ausspruch: »Es erscheint
mir zweckmässiger jetzt eine nicht vollkommene Darstellung
zu geben als abzuwarten, bis ein reicheres Material vorliegt,
denn eine Lücke, auf welche aufmerksam gemacht ist, zu er-
gänzen, fühlt sich Jeder eher bereit.« Dass Manche nur we-

nig befriedigt mit dem dortigen Aufenthalt sein werden, das
sagt sich Jeder, der überhaupt die Leute an klimatischen Kurorten genauer kennen gelernt hat. Viele aber, dess' sind wir
gewiss, werden nur ungern von Spezia scheiden und ihm die
angenehmsten Erinnerungen weihen.

Schlusswort.

Vorstehende Mittheilungen werden, so wünschen wir, ein
richtiges, vorurtheilfreies Urtheil begründen können. Lugano
sollte und brauchte nicht erst von uns als Kurort empfohlen
zu werden; es ist schon mehrere Jahre in Aufnahme gekommen und bei Vielen sehr beliebt. Cadenabbia hatte man
bis jetzt ganz verkannt; es musste in sein verdientes Recht
eingesetzt werden. Nochmals wollen wir hier hervorheben,
dass auch wir der Meinung der meisten Klimatologen bei-
pflichten, wonach ähnlich situirte Orte wie Lugano und Montreux, Meran, Arco, Cadenabbia nicht als eigentliche
Winterstationen gelten können, wiewohl die Wahl solcher
Plätze für Viele ausreichen, für Manche als sehr willkommenes
Auskunftsmittel erscheinen muss. Der wirkliche Werth derselben aber liegt darin, als Herbst- und Frühjahrsaufenthalte
zu dienen.

Wie an der Riviera di Ponente die klimatischen Kurorte
langsam von Westen nach Osten hin in Aufnahme kamen, so
ist es auch mit der ligurischen Ostküste, der Riviera di Levante, der Fall. Nervi erfreut sich schon seit einiger Zeit
eines Rufes. Dass aber nicht Nervi allein wirklichen Werth
als Kurstation hat, geht wohl aus unserer Darstellung über
Spezia deutlich hervor. Zwar sind noch andere Orte an der
Riviera di Levante günstig gelegen, wie namentlich zwischen
Rapallo und St. Margherita eine sehr geschützte Meeresbucht

in hohem Grade Aufmerksamkeit verdient, allein einstweilen werden nur Nervi und Spezia Beachtung finden können. — Bei dem Mangel meteorologischer Berichte war man bis jetzt in dem Bennet'schen Irrthum in Betreff der östlichen Riviera befangen. Wir glauben zuerst auf den wirklichen Unterschied des Klima's der beiden Rivieren, welcher durch den Feuchtigkeitsgehalt der Luft zumeist (durch die Steinformation: Schieferlette an der Levante, Kalk an der Ponente, anderen Windschutz) bedingt ist, hingewiesen zu haben.

Fortgesetzte genaue Beobachtungen werden dafür, hoffentlich auch zum Vortheil der Klimatologie, immer sichere Beweise beizubringen im Stande sein.

M. della Croce 611 m
Capella di S Croce
M. Bruciato
Polverara
M. Alburello
M. Forca

Monti della Lunigiana

Monti di Parlinovo

Alpi Apuani (Carrara) 1500 - 2000 m

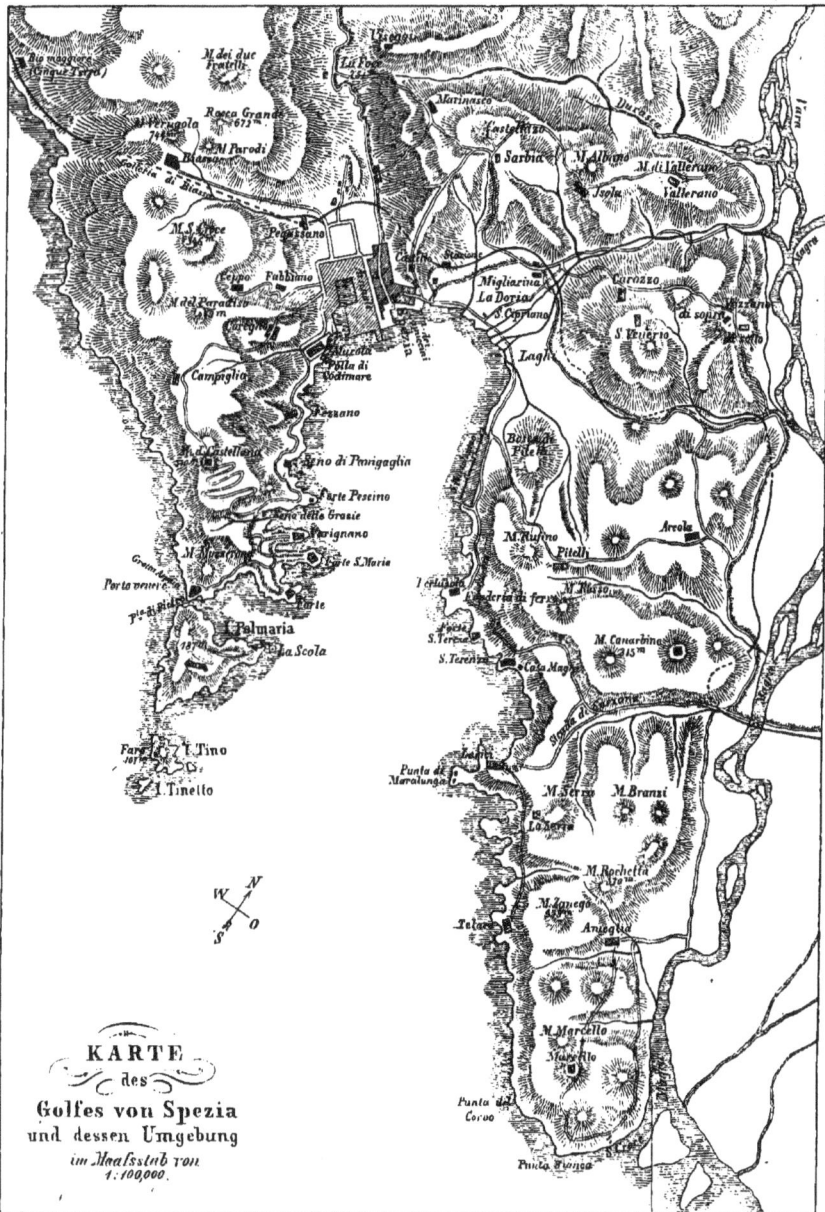

M. dei due Fratelli
La Foce
Marinasco
Rio maggiore (Vingul Terre)
Rocca Grande 672
Castellino
M. Perugola 744
M. Parodi
Biassa
Sarbia
M. Albiano
M. di Vallerano
Isola
Vallerano
Pegazzano
M. S. Croce
Migliarina
La Dorsa
S. Cipriano
Corozzo
di sopra
Campiglio
Fabbiano
S. Venerio
M. del Paradiso
Laghi
Campiglia
Polla di Sottomare
Borgo di Fileti
Pezzano
M. Castellana
Fino di Pianigaglia
M. Rufino
Arcola
Forte Pezzino
Pitelli
Cave delle Grazie
Marignano
M. Nesto
Porto venere
Le delizie
Pte di Fideo
Cave Cadra di ferrin S. Maria
M. Canarbine 345 m
Palmaria
Forte
La Scola
Fossa
S. Terenzo
Casa Magra
T. Tino
T. Tinetto
Punta de Maralunga
M. Serro
M. Brani
N
W   O
S
M. Rochetta Ara
M. Janega
Amiglia
Telaro
M. Marcello
Mare Rio
Punta del Corvo

KARTE
des
Golfes von Spezia
und dessen Umgebung
im Maalsstab von
1: 100,000.

www.ingramcontent.com/pod-product-compliance
Lightning Source LLC
Chambersburg PA
CBHW021825190326
41518CB00007B/747